不焦虑

女人受用一生的情绪管理课

海韵 著

中国纺织出版社

内 容 提 要

生活的压力越来越大，而女性通常需要在不同的身份、角色之间来回切换，因而内心经常会充满焦虑和不安。如何在生活中甩掉负面情绪，以积极乐观的姿态调整自我，游刃有余地掌控生活？这是每一位女性都在追寻的答案。本书从焦虑产生的原因、易焦虑的思维模式入手，解释了要如何解决引发焦虑的安全感、恐惧、完美主义情结等问题，并告诉女性如何借助自我提升、改变生活方式等途径，重新找回内心的平静。

图书在版编目（CIP）数据

不焦虑：女人受用一生的情绪管理课／海韵著. —北京：中国纺织出版社，2018.9

ISBN 978-7-5180-5109-0

Ⅰ.①不… Ⅱ.①海… Ⅲ.①女性—情绪—自我控制—通俗读物 Ⅳ.①B842.6-49

中国版本图书馆CIP数据核字（2018）第120164号

策划编辑：郝珊珊　　责任印制：储志伟

中国纺织出版社出版发行

地址：北京市朝阳区百子湾东里A407号楼　邮政编码：100124

销售电话：010—67004422　传真：010—87155801

http：//www.c-textilep.com

E-mail：faxing@c-textilep.com

中国纺织出版社天猫旗舰店

官方微博http：//weibo.com/2119887771

北京通天印刷有限责任公司印刷　各地新华书店经销

2018年9月第1版第1次印刷

开本：710×1000　1/16　印张：13

字数：102千字　定价：39.80元

凡购本书，如有缺页、倒页、脱页，由本社图书营销中心调换

序言 • 不平静，就不会幸福

这个时代，什么东西最贵？

答案不是房子，不是车子，也不是奢侈品，而是内心的平静。

不知从什么时候开始，人似乎都失去了耐性，不要说让生活慢下来，就连坐下来完整地看一本书、听一首曲子、写一封信，都变得无比艰难。

为什么会这样呢？答案就是，焦虑。这是一种没有原因的内心恐惧感，是对于生活的不满足或对未来期望过高而造成的纠结状态。

生活的压力与日俱增，居无定所的日子令人疲惫，背负房贷的选择又令人不堪；内心想过轻松一点儿的生活，看到昔日的同窗好友平步青云，又不甘心一辈子默默无闻；人生充满了选择，一个错误的决定，就可能造成不可挽回的结局，在面对抉择时，不论是谁都会纠结，毕竟没有谁愿意面对失败，没有谁不希望自己的一切都是完美的。

生活、工作、自我、孩子、情感，我们的焦虑似乎总是事出有因，可究竟是不是因为那些东西，也无法真的说清楚。焦虑就像是影子，不知在什么时候就冒出来，即便周围人劝慰说"你没必要那么紧张""这没什么好担心的"，我们内心的焦灼依然不会减少丝毫。情绪就像一个叛逆的孩子，总是故意扰乱自己的平静。

当满心都被焦虑占据的时候，不要说幸福，就连好好地生活，也成了一种奢望。

身处焦虑中的女人，没有办法正确地对待已经发生的事，也看不到事情的积极面，不知道自己能够做什么、该做什么，更别说为了扭转局面而付诸行动了。

焦虑就像是住在心里的怪物，吞噬着生命中所有的美好。每个焦虑的人都想回避它，即便是有打败它的想法，也总是把希望寄托于外界和他人。可无数的事实提醒我们，情绪的主人是自己，真正能让我们回归平静的人，也只有自己。

此刻的你，如果正处在惶惶不可终日的焦虑中，那么这一本女性情绪管理课，就是你最好的伙伴和慰藉。它会清晰地告诉你关于焦虑的一切困惑，找到努力过好这一生的勇气和力量，更会让你切实地相信：焦虑并不可怕，真正可怕的是胆怯的心理。

现在，就让我们跟随这本书，找回内心的平静吧！

海韵

2018年春

目录

Chapter1
谁夺走了你内心的平静

惶惶不可终日的感觉，真的受够了

"这两年经常加班熬夜，想着自己还年轻，应该没什么问题。可最近身体总是不舒服，上网查询相关的医学资料，心里不免有些害怕。没想到，患两癌的女性竟然这么多，且越发年轻化。很想彻底做一个检查，可又害怕如果真的会出现什么问题，不知自己能否有勇气面对？

"一转眼，工作已经快十年了。看到周围的朋友，事业、家庭都经营得很好，而自己却还在最普通的岗位上，做着随时都可能被人替换掉的工作。有时，真的不想和他们见面，害怕被人看不起。也想换一个更有挑战性的工作，可又担心自己的能力……

"作为大龄单身女青年，真是有难言之苦。没有遇见合适的人，不想勉强进入婚姻生活，可看着父母的焦心的样子，自己也觉得难受。特别是面对'35岁以上就是高龄产妇'的说法，说一点都不担心是假的……"

　　这样的处境，你是否觉得很熟悉？甚至，也有过类似的情绪体验？比如，大考来临之前，每天都心神不宁、坐立不安；接到新任务后，顿时觉得压力倍增；被领导批评后，心里一直耿耿于怀；遇到一点事情，立刻就想到最糟糕的情形……这种无法控制、难以捉摸的负面情绪，以及惶惶不可终日的感受，让你感觉真的受够了。

　　其实，这就是焦虑！在《蒂凡尼的早餐》中，作者借助女主角之口，娓娓道出了女人内心深处普遍存在的一种情愫："焦虑是一种折磨人的情绪，焦虑令你恐慌，令你不知所措，令你手心冒汗。有时候，连你自己都不知道焦虑从何而来，只是隐约觉得什么事都不顺心，到底是因为什么呢？却又说不出来。"

　　这种不舒服、不太受欢迎的情绪，经常是不请自来，躲不开，避不了。我们会为各种各样的事情焦虑，比如没有钱怎么办？生病了怎么办？找不到伴侣怎么办？会不会遭遇婚外情？能否找到一份好工作？和别人相处不好怎么办？被人背后诋毁怎么办？

　　有些时候，我们会犯强迫症，总怀疑自己没有锁门；曾经经历过悲惨的事件，总是触景伤情、噩梦连连；在喧闹的人群中，总会感到不安，甚至害怕与人相处，如此等等。

　　掉进了焦虑的漩涡，我们就没办法平静，经常会感到疲惫无力，甚至寝食难安，无法专注于自己想做的事情。结果，就变得更加烦躁。

　　一位妻子担心自己的丈夫有外遇，把所有的时间都用来监测丈夫去了什么地方，跟谁在一起，翻看丈夫的手机以及聊天记录，让彼此的关系变得越来越紧张。为了消除这种焦虑，她开始暴饮暴食，结果非但没能解决问题，还让自己的体重暴增了10公斤。

你可能会问：我们为什么会焦虑？

其实，人之所以会担心和忧虑，主要是怕自己无法应对未来可能发生的事情。说到底，就是害怕不可预测，害怕不可控制。

通常来说，焦虑分为三类：

第一类，可通过具体方法解决的问题，如背负贷款，只要安排好如何把欠款还了即可。

第二类，假设可能会发生的情况，如天花板掉下来怎么办？这种事情有发生的可能，但我们无法做出任何应对，也不可能一直站在原地等它掉下来。

第三类，混合型，确定和不确定均有，如婚外情、背叛。我们知道出现问题会有解决的办法，但无法知道什么时候会出现问题。

知道自己是哪一种类型的焦虑，才能学会如何处理这种不美好的情绪体验。但无论是哪种类型的焦虑，都会有身心或行为的表现。对此，你不妨从四个方面更好地了解自己的焦虑：

◎思想层面：担心未来不知道会发生什么；对已经发生的事情感到自责。

◎身体层面：心慌、头晕目眩、出汗、呼吸急促、胃部不适、肩颈酸痛等身体不适。

◎情绪层面：焦虑不只是一种情绪，而是几种情绪交织出现，如愤怒、悲伤、厌恶等。

◎行为层面：重复性的行为或习惯；回避或逃离的倾向；用暴饮暴食、抽烟喝酒等行为分散注意力；企图占上风保护自己的行为，如威胁他人、表示愤怒等。

很多女性在陷入焦虑的情绪中后，会迫切地想要摆脱这种不舒服的情绪体验；或是把这种情绪深藏在心里，担心被别人发现；抑或者干脆破罐子破摔，任由焦虑蔓延。其实，这种做法我们是不提倡的。**焦虑本身不可怕，真正可怕的是逃避、对抗和陷入其中。**

如果你正处于这种惶惶不可终日的情绪体验中，别着急，也别沮丧，接下来我们就开始陆续分享缓解焦虑、掌控情绪的方法。

有些焦虑是防御，有些焦虑是负担

曾有人说："每一种情绪，本质上都是守护我们的天使。"

焦虑虽然会带给人惶恐无措之感，但它也不是一无是处。

从某种程度上来讲，焦虑是为了保护我们的心灵，它能够帮我们排除一切潜在的危险，虽然它会让人感到很不舒服。这种必要的焦虑，也被称为"合理性焦虑"。

同时，焦虑也能够增加我们抵抗不良刺激的能力。在略微感到焦虑的情况下，我们的大脑会保持高速的运作，注意力会更集中。

然而，凡事有度，过犹不及。

在很多情况下，我们的焦虑已经超出了合理的范围，完全是由于过于敏感的心理导致的。换句话说，就算不幸的事情离自己很远，也会感到烦躁不安。显然，这根本就是不必要的焦虑。如果对这样的焦虑选择放任的态度，它就会像病毒一样四处蔓延。

林菲是一位气质干练的职场女达人，每天笑脸盈盈，做事麻利，似乎没什么事可以难倒她。可就在几年前，她却因为焦虑一脸憔悴地走进过医院的诊室。

当时，林菲还是公司里的小文员，不怎么起眼。恰好，行政部空出了一个助理的职位，公司打算从内部提升。为了争取这个机会，她拼命地工作，经常加班熬夜。忙碌的工作加上心理上的压力，让她每天夜里辗转反侧，心绪不宁，有时梦里都是工作上的事。早上起来，头昏脑涨，身体也轻飘飘的，根本无法集中精力做事，总想着晚上回去早点睡，可躺到床上之后，却睡意全无。这种情况，持续了整整两个月，终于把她逼到了崩溃的边缘。

医生倒也很坦白，直接对她说："你精神压力太大，我只能给你开一些缓解神经的药，其他的只能靠你自己了。你的失眠主要是因为心理上的问题，什么时候不焦虑了，也就好了。每天晚上睡觉前，最好什么都不要想。哪怕睡不着也没关系，不要去想它，也不要强迫自己非要睡着。工作的事，只要尽力就行了，也不能强迫自己背负太多东西。"

配合药物治疗和自我放松的心理暗示，一个月后，她的失眠症痊愈了。反思患失眠症的这段经历，她恍然明白：其实失眠不是最可怕的，最可怕的是心里的焦虑。自那以后，她不再刻意给自己增加压力，在自己能够承受的范围内做好自己该做的事，其他的不去多想。放下了心理上的负担和情绪上的焦虑，多了一份"但行好事，莫问前程"的洒脱，许多事情也变得不复杂了。不再苛求，不再患得患失，曾经憧憬的那些东西，她也一一得到了。

　　心理学家坦言，多数女人觉得不幸福，主要原因就是生性爱担忧、焦虑，惶惶不可终日。当然，有些焦虑事出有因，比如感情受挫、经济危机、工作不顺等。但是，更多的时候，女人的担忧都是自己臆想出来的，不过是杞人忧天。在那些"假想敌"的面前，不知如何应对，也不知如何解决，就深陷在泥潭中难以自拔。

　　焦虑不总是错的，它可以帮我们避免莽撞和冲动的言行，降低危机，消除风险。但若焦虑愈演愈烈，甚至影响了正常的生活，就得多加注意了。这样的焦虑，不会给生活带来益处，只会成为身心的负担。

再多的担忧，也无法让事情变得更好

诺贝尔医学奖获得者阿利西斯·科瑞尔博士曾说："**不知道如何抗拒忧虑的人，都会短命而死。**"这不是危言耸听，而是诚恳的提醒。

回想一下，你有没有过这样的体验？无休止地强迫自己去做某一件事情，并伴随着焦虑、紧张和恐惧的心情。遇到了麻烦时，你总是觉得，最坏的事情就要发生了，然后坐立不安、茶饭不思，整天心烦意乱，对周围的一切都丧失了兴趣？

试问：你的担忧真的能让事情变得更好吗？你所担忧的最坏情况真的发生了吗？

威尔斯金女士是个多愁善感、心思很重的人，心中的忧虑让她觉得自己总是遇到了很多麻烦。1943年这一年，在她的生活中也的确发生了很多事，用她自己的话说就是"世界上一切的烦恼都落在了我的肩膀上"。的确，这几件事确实很烦人，如果是别人遇到了也会觉得难以解决：

1.威尔斯金女士的培训学校在生源方面遇到了问题，她甚至担心自己的培训学校会因此而破产。因为在那一年，不少男孩子都去报名参军了；而没有经过培训的女孩甚至比受过培训的女孩在军工厂更能赚钱。

2.威尔斯金女士的小儿子正在服兵役，她非常担心儿子的安危。

3.威尔斯金女士面临无处安身的困境：她的房子正好处在当时达拉斯市政府要用来建造机场的地段上，据她自己估计，她只能得到房子总价1/10的补偿，而让她更为担忧的是，那时候房子非常匮乏，自己的房子被征用后哪里可以再买到新房呢？

4.威尔斯金女士每天都要走很远的路去打水，因为她家的井水已经干涸，而再挖一口新井对于一个马上要被政府征收的地方来讲，已经没有太大的意义了。她担心，在战争结束之前她都要这样做。

5.威尔斯金的女儿今年就要高中毕业了，她想考大学，但是威尔斯金女士把所有的积蓄都投入到了培训学校中，根本没钱给她交学费，她担心女儿知道这件事后会非常伤心。

在这些烦恼的困扰下，威尔斯金女士整天忧心忡忡，非常痛苦。她几乎每天都把全部精力放在这些问题上，但却想不出一个好的解决方法。甚至，她把这些问题写在一张纸上，贴在办公室的墙上，每天都要看几遍。但事实上，这样做除了给威尔斯金女士徒增烦恼之外，没有一点积极的作用。久而久之，连威尔斯金女士自己仿佛都把墙上贴的这些纸条当作是一种"装饰"，慢慢把它们全都淡忘了。

几年之后，当她收拾办公室的时候，这张写着她当时五大烦恼的纸条又摆在了她的面前。而具有戏剧性的是，这个时候的威尔斯金女士，早就已经不被这些问题所困扰了。那么，它们又是怎样被解决的呢？

1.就在威尔斯金女士的培训学校快要维持不下去的时候，政府委托她代训退伍军人，并开始为她拨款。由此，培训学校又恢复了往日热闹的气氛。

2.没有多长时间，战争就结束了，威尔斯金女士的儿子安全返回，没有受一点伤。

3.一年后，政府决定不再征收这块地，威尔斯金女士只花了一点钱就打了一口新井。

4.由于威尔斯金女士的培训学校顺利地度过危机，她很快就重新有了盈利，女儿的大学学费自然也就有了保证。

这时候的威尔斯金女士方才恍然大悟：自己以前所担心的那些事情，绝大部分都是不会发生的。而自己总是被这些事情弄得心情郁闷，简直就是在自寻烦恼，是非常不明智的。从此以后，每当有烦心事的时候，威尔斯金女士都会想尽一切办法把那些事情忘光。

这足以启示我们：没必要为那些还没有发生或也许不可能发生的事情而过度担忧。如果你对任何事情都充满担忧，做事就会畏首畏尾，犹豫不决。

念念不忘的伤，还要背负多久

人生不如意十有八九，这句话几乎人人都会讲，可当真的遭遇到了重大的创伤，十有八九的人会把它抛诸脑后。面对生离死别，很少有人能够坦然待之，就算是早在心理上为这些伤痛做好了准备，可当它们忽然来袭时，大部分人还是无法招架，甚至会因此陷入绝望中，不可自拔。

莫莘的母亲去世了，这件事虽然已经过去了很久，可她还是无法释怀。每当她回忆起那一刻，就会痛苦不已。有一次，不知情的朋友问候他："祝你和你的家人平安。"本是一句很平常的问候，却让莫莘泪如雨下。

莫莘大学毕业后去了外省工作，很少回家。在母亲过生日的前一个月，她答应了要回去给母亲庆祝，可最后还是因为其他事情耽搁了。没想到，等她忙完工作想回家给母亲补个生日时，母亲却因急症离世了。

像莫茜的这种痛苦情绪，心理学上称之为"创伤后应激障碍"（PTSD）。人在目睹或经历重大的事故（如死亡威胁）后，内心会产生极大的焦虑情绪，甚至是精神障碍。在外部事件的刺激下，会出现情绪激动、紧张恐惧、夜不能寐、持续做噩梦等情况。当患者在生活中碰到类似的场景或回忆相关信息时，会从紧张盗汗、心跳加速发展为浑身哆嗦、坐立不安，甚至表现出逃离的状态。

在两次世界大战中遭受蹂躏的民众和受伤的士兵；处于地震、海啸危胁中的难民；经历过"911"恐怖袭击事件的美国民众，很多都表现出了PTSD症状。陷入到PTSD中的人，总是会重复体验那些痛苦的事件，并产生强烈的焦虑感，对生活失去热情，对未来失去希望，不愿与人交流，变得麻木。

莫茜也是这样。母亲去世后的几年里，她几乎每天都会想起母亲发生急症时，医院打来电话的那一刻。她曾经很喜欢音乐，之后却再也没唱过歌；人也变得很冷漠，不再跟朋友们聚会来往；工作业绩更是一落千丈。

PTSD在现实中发生的概率很高，只是程度不一。有时，一些普通的创伤经历，也会让人陷入负面情绪的沼泽中难以自拔。许多心理学家通过研究得出一个结论：**这些伤痛的症状不一定取决于事件的恶劣程度，而是取决于人的内心。**

人的一生总会经历伤痛，或大或小，或多或少，但有些人却没有出现那些糟糕的症状。

哥伦比亚的一家工厂发生爆炸后，那些积极乐观的人恢复得很好，而那些做事浮躁、优柔寡断的人大都陷入了悲伤和惶恐中。而在澳大利亚的一场森林火灾中，有469名消防员被困。事后，在进行心理测试时，人们发现那些得分较高的人都表现得比较平静，那些原本性格暴躁、容易焦虑的人大都出现了PTSD症状。

这说明什么呢？灾难固然很可怕，但更可怕的是那颗无法释怀的心。

那些念念不忘的伤痛，你还打算背负多久呢？

谁也不敢保证每一次抉择都是最好的

曾在某篇文章中读到过这样一段话："人生有三种苦：得不到，所以痛苦；得到了，感觉不过如此，也会痛苦；放弃了，却又发现那对自己多么重要，还觉得痛苦。可见，得不到，得到了、放弃了都会令人痛苦。若能保持平常心，把得失看淡一点，人生就可以不苦。"

生活中，几乎每个女人心里都放置着一个天平，左右两端放着"得"与"失"的筹码。只是，天平很少有真正平衡的时候，因为多数人都希望"得"多一些，"失"少一些，于是就在患得患失间犹豫挣扎。偶尔，会得到些许的自我安慰；偶尔，也会捶胸顿足，懊恼不已。一颗心，总是七上八下地悬着，飘忽不定。

夏夜的河畔边，若茜在长椅上静静地躺着，望着天空的星星，希望时间永远定格。

近两个月，她的状态越来越不好，有时在办公室里坐着，竟然莫名地心慌气短，手也不自觉地发抖。那是一种恐惧的感觉，可究竟在害怕什么，她也说不清楚。她只是觉得好累。

朋友说，累了就休息吧。她何尝不想？自从接手了公司策划部主任的职位后，两年的时间里，她脑子里的那根弦一直紧绷着，每天都在绞尽脑汁地想东西，还要顾好部门里的工作安排，带新人……有一段日子，她享受这种充实，因为付出给她带来了丰厚的回报——工资连涨，职位连升，老板的器重，同事的艳羡——这种成就感让她感受到了自身的价值，也给了她更优越的物质生活。

可人始终不是机器，就算是办公室里的电脑，也需要散热，也需要关机休息。特别是现在，她真的感觉自己快要到达极限，短期的休息已经无法帮她恢复身心的节奏，她需要的是长假，或者是辞职充电。公司里的人员流动频繁，她竟很羡慕那些"说走就走"的人，那份洒脱自如，是她一直想要的状态。可每每想到长假、离职，她心里就会不寒而栗。

公司是私企，怎会给你保留一个职位，任你随意地去休息？况且，她自己也说不出，到底要多久才能调整好自己的状态，若给休假加个期限，势必会带来紧迫感。

如果辞职，就意味着要放弃辛辛苦苦奋斗来的一切。在这个举目无亲的大城市里，没有了工作，就等于失去了衣食来源。她还有梦想未曾实现，而那需要一大笔的启动资金。如果一切重新开始，谁又能保证起点能跟现在一样？

犹豫、茫然、疲惫、焦虑……不时地侵袭着她，工作时难以专心，心灵上不堪重负，性情越来越烦躁。她彻底陷入了一个痛苦沼泽，等待着救赎。

这不禁令人想到猎人捉猴子的故事。猎人在岩石上凿一个口很小的洞，里面放上猴子爱吃的花生。猴子抓着满满的一把花生，拳头自然拿不出来，可又不舍得放手，就只能在那儿着急生气。趁这机会，猎人就把猴子捉住了。

人生不也如是吗？考虑要抓住什么，付出什么，拥有什么，放弃什么。如果什么都想要，最终可能什么都得不到。如果考虑得太久，犹豫不决，又会错过许多宝贵的东西。等真的想明白了，就会发现，除了生命，没有什么东西不可放手，患得患失只会让自己画地为牢。

叔本华说过："患得患失是在痛苦与无聊、欲望与失望之间摇晃的钟摆，永远没有真正满足、真正幸福的一天。"若问谁能救赎若茜？恐怕只有她自己。

人生处处充满了得失，谁也不敢保证每一次抉择都是最好的，更不能人为地控制明天发生的事。太过患得患失，就会扰乱平静的思绪，给心灵包裹上一层厚厚的茧。如此这般，越活越觉得苦。什么时候看透了得失利害，丢弃了种种计较，循着心的方向走，自然就能为自己寻到一个畅快的出口。

女人大概都有过这样的经历：懵懂地以为有些东西是不能割舍的、不能放手的。随着时间的流逝，等有一天再度回望时才发现，那些原以为不能放下的东西，也不过是生命长路上的一块跳板。跳过去了，就可以变得更精彩，收获更多的可能，只是跳之前的挣扎无助和患得患失，困住了自己的脚步。

要消除患得患失，先要修好一颗心。心可以让女人怨叹计较，也可以让女人赞叹宽容；心可以让女人失衡是非，也可以让女人淡然若水；心可以让女人患得患失，也可以让女人不计得失。当心沉静了，就不会浮躁，生活就会多一分温暖闲适。当女人把修行投向自心，生命里便没有了计较和愤怒，也没有了焦虑和不安，有的只是静善如水，山花烂漫。

你有那么多身份，唯独忘了自己

不久前，网络上盛传着一篇连载文章，名叫《妈妈，你假装爱我的样子一点都不美》。这篇文章，写出了不少初为人母者内心的真实感受，以及在现实中的艰难处境。

文中提到，当一个女人成为母亲之后，就会变成社会认同的那个身份：一个关怀者。似乎，给予子女的关怀越多，受到的评价就越高，反之亦然。可是，在努力成为一个关怀者的过程中，有多少女性是真的在享受那个过程？或者说，有多少人还记得自己是谁？

我们频繁地看到或听到产后抑郁、携子自杀等令人心痛的消息，究其根源就是，当女人的身份角色发生了巨大的转变，要承载另一个生命的抚养义务时，内心的焦灼和压抑得不到理解，不知道该用什么样的方式来给予自己能量，甚至因此忘记了对自己的关怀。

她们经常被这样的焦虑困扰：每天属于自己的时间越来越少了，自己的人生目标变成了孩子的人生目标，然而自己在母亲这方面却永远做得不够好。要知道，同一个女性，却拥有多重身份，只有在自我和其他身份之间找到平衡，才能减少焦虑和抑郁。

夜深人静，杜梅躺在床上毫无睡意。丈夫去世3年多了，她独自带着两个孩子。这个月，她签了一笔不小的单子，赚到了3000元的提成。她正筹划着，这笔钱要怎么用？

两个孩子入冬的衣服还没有准备，家里的床单和桌布也很旧了，还想买一个书架和书桌。自从丈夫去世后，她一直没有好好打理一下家，一是没有心思，二是经济上不富裕。其实，杜梅也只有34岁，可她被生活折磨得疲惫不堪，每天除了工作以外，想的都是孩子和家庭，根本无暇顾及自己。偶尔喘口气，也总是焦躁不安的，她已经记不起有多久没再安静地看过一本书，也记不起有多久没去过美容院做皮肤护理了。她，真的快不知道自己是谁了。

第二天，杜梅调休了。她去了家居市场，给家里买了一套新的床上用品；接着又给孩子们买了两件衣服。算算手里的钱，如果再买书架和书桌的话，就只剩下500元钱。她犹豫了半天，想把这个钱省下来，给家里囤积点食材。正想着这个事，突然走到了一家咖啡厅门口，不知怎的，她突然很想走进去，享受一下独处的时光。

杜梅给自己点了一杯拿铁和一份甜品，周围的一切看起来是那么静谧而井然。她太久没有这样好好地休息过了，工作、孩子、生活压得她透不过气。可这一刻，她觉得自己和周围的人没什么不同，都有追求幸福和享受生活的权利，哪怕背负着"单亲妈妈"和"寡妇"的头衔，那也不代表她从此就得放弃自己的人生了。

走出咖啡厅，她径直去了剧场，看了一场喜欢的话剧。她是那样地沉醉，曾经她跟丈夫来过这里，现在虽然就剩一个人了，但艺术对她的吸引和感染并未褪色。

话剧结束后，已是黄昏时分，杜梅拎着东西走在回家的路上，夕阳把她的影子拉得很长。这一天发生的一切，就像是一场梦。现在，梦醒了，杜梅又要回到生活中。可是，她很满足。这么久以来，她一直顾虑很多人，孩子、公婆、父母、领导、客户、朋友，唯独忘了自己，今天虽然小小地奢侈了一把，可真正的价值不在于那些钱，而在于她重新找回了自己。

心理学家认为，痛苦最根本的原因不是情绪上的冲突，而是认知上的局限和障碍。换句话说，**人之所以会有情绪上的冲突，是因为对自己的本体一无所知。**人类社会愈发倾向于一种"身份社会"，人们太过于关心和外界的交流与接触，而导致了与自己的疏离。**因为我们不知道自己是谁，不认识自己的本质，无法自在地做自己，才会有情绪上的苦恼。**

一位外国文学课的教授在谈到"自我"与"他人"之间的关系时，感慨道："人生有很多角色，很多人只顾扮演着父母的孩子、子女的父母、爱人的伴侣、老板的下属、别人的朋友，唯独忘了自己这个角色。那些角色究竟是别人要你演的，还是你自己决定要演的？你演的是别人，还是你自己？太多人总想着自己是谁的谁，可实际上，我们首先应该成为的人，就是我们自己！"

　　这番话，可谓是对现代女性最好的抚慰。你是他人的妻子，是孩子的母亲，是老板的下属，但你更是你自己。你不一定要时刻围绕着家庭和孩子，也不一定非要默默地付出、默默地承受，更不一定要成就完美的某个头衔。你需要的，是先成为一个完整的你。

甩掉"我没有价值"的信条吧

从小到大，她都很少照镜子。左脸颊上的那颗痣，始终是她心头无法碰触的伤痛。不看到自己的脸时，她会觉得好过一点。这些年，她感觉自己就是生活里的"配角"，为了衬托别人而存在。

走在路上，她总是低着头，盯着脚下。她从不敢正视别人的眼睛，害怕对方的目光落在她的痛处。她从未开怀大笑过，因为那样太过惹眼，她实在畏惧被人关注的尴尬。

28岁的她，孤孤单单一个人，从不知恋爱的味道，也没想过有谁会爱上自己。她心里的某个角落里，住着那么一个人，但从来只是仰望，就像同一点上的两条射线，勾勒成45度角，各自前行，永无交集。

到新公司很久了，她只是默默无闻地做事，少言寡语的她见过N次老板，却始终没能让对方记住自己的名字，永远都只是"那个谁"。看到光鲜亮丽的女同事，今天谈着迪奥，明天说着阿玛尼，她不知道怎样去跟人聊那些东西，她总觉得，那是漂亮女人的故事，与她无关。

直到有一天，她因公出差，在机场遇到了一位气质不凡的女子。登机时间尚早，她一直坐在角落里等着，注视着那位女子。那个女子很知性，又很洋气，在与她的美国丈夫聊天，谈笑间透出着一份爽朗、一份自信。专业英语八级水准的她，能够听懂他们的谈话，其实她也能够用英文交流，可是在看到眼前那一幕之前，她从未留意过，这也是一种资本。

不知怎的，她脑海里突然出现了这样的画面：自己变身成那个女人，说着一口流利的英文，谈笑自如，落落大方。她多么希望，自己也能够拥有那一份洒脱和魅力啊！可是，想着想着，她的心又沉了下去……脸上那颗明显的痣，让她所有的幻想也跟着变成了黑色。

登机了。很凑巧，那位气质美女和她丈夫就坐在她旁边。他们友好地对她示以微笑，她也礼貌地点头微笑。这时，她才真正看清楚，那位谈笑风生、自信洒脱的女人，脸上布满了雀斑。那一刻，她有点惊讶，但更多的是一种敬畏。如果自己是她，那会怎么样？

看到这里，你会觉得，她所有的问题都是因为那颗痣引起的吗？

真正的问题在于，她的自我贬低模式，开启了她的自卑和焦虑。

陷入自我贬低模式中的人，害怕接触陌生人，总担心别人会嘲笑自己；经常独来独往，喜欢离群索居，认为没有人愿意跟自己相处；对外界的评论十分敏感，当自己不在讨论人群中时，就会无中生有地怀疑别人厌恶自己。当这种心理发作时，思维就会开启"抑制自尊"的模式，脑海里冒出一连串贬低自己的想法。

亨利·沃德·比彻尔说："一个人需要思考的，不是自己应该得到什么，而是自己是什么。"每个人的心里都隐藏着一个不为人知的自己。大多数人也许可以看到一个你平时看不到的自己，却难以直视内心里的那个你。

你口中所谓的"了解"只不过是一种浅层的了解，带有个人偏见甚至是错误的了解，所以我们很难找到适合自己的位置，也就无法尽最大能力发挥出自己的价值。焦虑来自于不确定感，而不确定感就是对自己某一特质的怀疑或抗拒，当你勇敢地接纳了自己，你才能够进一步完善自己。有时，自信无关你是否真的有那么好，而在于你是否相信自己有那么好。

Chapter2
打破自我折磨的焦虑思维

人生的价值，不在于使别人满意

日本京碧寺的山门有一块匾额，上面写着四个大字：第一义谛。这是二百多年前洪川大师留下的手迹。这看似简单的四个字，却让洪川大师反反复复写了八十五遍。

洪川大师向来追求完美，做事严肃认真，弟子们深受其影响，其中有一个弟子可谓是有过之而无不及。据说，当天洪川大师写这四个字的时候，那位弟子恰巧在旁边磨墨观看。大师每写一幅字，这位弟子都摇摇头，总觉得不够完美，不是撇写得短了，就是捺写得长了，大师只得反反复复地改。

一晃，半天的工夫过去了。洪川大师耐着性子一连写了八十四幅字，却都没有得到弟子的认可。后来，弟子去了厕所，洪川大师总算松了一口气，心想：终于不用再被那双挑剔的眼睛盯着了。于是，在心无所羁的心境下，大师自由地挥就了第八十五幅"第一义谛"。

弟子回来后，看到师父的字迹，不禁赞叹："师傅，这幅字简直是精品啊！"

一个人如果不能跟随自己的意愿走，那就是因为心有所羁，让自己的心跟着别人的牵引走，活在别人的世界里，心情就无法平静。往往，别人无意间的一句话、无意间的一个眼神、无意间的一个动作，就会让他陷入到焦虑中，久久不能平静。有些女人心思很重，别人对她稍有一些不满的言辞，她心里就结了疙瘩，怎么也平复不了，必须得找个什么途径，证实她不是别人所想的那样，才能缓解内心的焦灼。

与其说是环境扰乱了人心，倒不如说焦虑思维禁锢了灵魂。很多女性之所以被焦虑困扰，是因为她们在这个大环境中定制了一套标准、一个设限，生活的好坏常常由他人评判，自身的价值由他人来贴标签。似乎最好的、最幸福的、最值得肯定的生活法则是：大家期望你过的生活，你走的路，恰好是你自己喜欢的，如此最好。

可是，人生的岔路口那么多，谁能保证从始至终一切如愿？谁能保证别人喜欢的就是自己喜欢的？面对分歧，该如何抉择？

《华尔街日报》中文网的一个主编曾跟《华尔街日报》的记者开玩笑说："在中国，我就是一个失败的人，我没有房子，没有车，也没有老公，也没有孩子，总之什么都没有。对于大多数的中国人来说，我这样的人就是失败的。但我觉得自己过得挺好的，我干嘛要管别人觉得我怎么样呢？我的生活就是我的。"

告别焦虑，实则是告别错误的思维：想过属于自己的自由人生，就要在保持大原则的同时，不被任何人和任何思想束缚，改变以往错误的生活方式、思考方式，解开精神枷锁。

当心底的声音与外界的声音相抵触时，请你记住——

别人的目标不重要，别人的道路不重要，别人的价值观不重要；不要被信条所惑，盲从信条是活在别人的生活里，你应该有自己的信仰；不要让任何人的意见淹没了你内在的心声，因为没有人比你更了解自己的情况。倾听自己的内在呼唤，你的内心与直觉知道你真正想成为什么样的人；你的生命只有一次，你不能活在别人的生活里。你的价值，不在于使别人满意；你的价值，也不会因别人的不满而改变。

事情本无好坏，纠结的是人心

"慢慢地，我领悟到，生命中没有绝对的好事或坏事。在时间的长河中，一切都在变化，好事可以变成坏事，坏事也可以变成好事。那些被我们当作坏事的，不过是违逆了我们当时的愿望和期待而已。而满足我们当时的愿望和期待也不一定是件好事，就像一个要糖吃的孩子，一味地满足他即是对他的伤害。"

这是海蓝博士总结的人生感悟，也是一条生活真理。很多时候，世间事就只在一念之间，凡事多往好处想想，就不至于掉进生活的泥沼中苦不堪言。

一个年轻的电台播音员，在刚刚被听众们熟识、事业初露锋芒的时候，却接到了解雇通知。这个打击对他来说，有点意外和沉重。恼怒和憋屈笼罩在心间无处释放，他便在寒冷漆黑的街道上失魂落魄地走了五个多小时。

回到家，一进门，他像平时一样，热情地跟妻子打招呼，并笑着宣布："亲爱的，你知道吗？我终于有自己创业的机会了。"是的，他把失业当成了创业的开始。

接下来，他积极地在传媒界打拼，尝试着自己做了一个节目。很快，他就得到了良好的反馈。渐渐地，受众越来越多，他也开启了个人事业的征程。最终，他成了20世纪五六十年代美国家喻户晓的电影红星，他就是亚特·林克勒特。

《易经》里有一种卦象叫综卦，也就是反对卦，意思是说每一个卦都有正对反对的卦象。比如天地"否"卦，卦象为乾上坤下；否就是坏的、倒霉的意思。然而一旦卦象反转，乾下坤上，阴柔在上在外，阳刚在内在下，就是地天"泰"卦，就是好的意思。这就是后来的"否极泰来"。

天地间的人事物象都可以转化，没有一个是绝对固定不变的。任何一件事情，如果以消极的心态来看待，危机就是一场厄运，会把生活打乱，让人焦躁不安；如果以积极的心态来看待，危机也可以是一次转机，说不定就会有意外的收获。

人的一生，难免会有坎坷，不可能一帆风顺。面对那些"坏"事，换个角度想想，消极之处就会被缩小，心情也会大不一样。这也正是世人所说的："生活就像一面镜子，你对它笑，它便回赠你微笑。"

要改掉这种焦虑的思维，就得学会凡事多往好处想。看看俄国文学家契诃夫在《生活是美好的——对企图自杀者进一言》里是怎么写的吧：

"要是火柴在你的衣袋里燃起来了，那你应该高兴，而且感谢上苍，多亏你的衣袋不是火药库！要是有穷亲戚上门来找你了，那你不要脸色苍白，而要喜气洋洋地叫道：挺好，幸亏来的不是警察！

"要是你被送到警察局里去了，那你就该乐得跳起来，因为多亏没有把你送到地狱的大火里！要是你挨一顿桦木棍子的打，就该蹦蹦跳跳地叫道：我多么幸运，人家总算没有拿带刺的棒子打我。要是你妻子对你变了心，那就该高兴，多亏她背叛的是你，而不是国家。"

失明的诗人弥尔顿在300年前就发现了这一真理：心灵，这自创的殿堂，它可以成为独造的天堂，也可以成为孤单的地狱。一味地沉浸在不如意中，只会让处境变得更艰难。不被"坏"的东西遮避了双眼，心灵才不会荒芜，前路才会越走越亮。

何必要把一件小事灾难化

敏感的女性，经常会把一些事情的后果无限夸大。从心理学上来说，这就是典型的"思维灾难化"，意指把某些不如意的、讨厌的事情视为可怕的、糟糕的、灾难性的事件，从而在经历这些事情时，感觉到真正的灾难。

赵莉刚到一家新公司上班，这是她转行后的第一份工作。现在从事的业务，跟之前的工作内容大相径庭，还有许多要学习的东西，这不免让赵莉感到焦虑。她总是担心自己在工作中出错，害怕被领导指责能力不足。带着这样的顾虑，她每天在公司里都战战兢兢的。

周五那天，领导约了下午3点钟见客户，走之前跟赵莉说："下班时你等我一会儿，有点事情跟你说。"就这一句话，让赵莉的心跳到了嗓子眼。她感觉自己的腿都有点儿软了，脑子里一片混乱，根本无心工作。

赵莉在工位上琢磨："为什么要我留下来？难道是因为我的表

现让他不满意？还是他觉得我不适合这份工作？天哪，他肯定是看我对业务不熟悉，影响了部门的工作效率，想找一个更有经验的人替换我。"她越想越害怕，脑子里开始想象着那一场即将到来的灾难，甚至能够想象出领导跟她谈话时的表情。

就这样，赵莉越想越焦躁不安，她觉得自己马上就要失业了。想到失业这件事，她心里又莫名地难过起来：我已经32岁了，早不是吃青春饭的年纪了，凭借现在的条件重新找一份工作也不容易，难道还要走原路？唉，生活怎么这么难呢！

就在这时，同事在电脑上发来消息："赵莉，有一笔款需要财务那边提前结账，你去处理一下吧。"有任务落到自己身上，也顾不得那么多了，就算被解雇，也要站好最后一班岗。想到这里，赵莉松了一口气，就到财务那边处理结款的事宜了。

事情办完后，赵莉的心突然又一紧，时间已经临近下班点了。她忐忑不安地回到办公室，领导果然已经回来了，而其他几位同事也陆续离开了。赵莉小心地询问领导，有什么事情交代？那一刻，她在等着最后的宣判。然而，领导只是轻描淡写地说了一句："噢，没什么，就是上次你谈的那个客户，近期说再订一些货，你跟进一下。"

赵莉瞬间觉得头顶上的那片乌云散开了，而后叹了一口气。她突然意识到，自己把一件小事"灾难化"了。领导只是说有事找自己谈，而她却主观地对这件事情进行了消极暗示，不停地想象领导要解雇自己，在焦虑中浪费了一下午的黄金时间。

实际上，很多事情没那么可怕，甚至是无关紧要的。如果总是把这些问题视为无可抵御的灾难，终日诚惶诚恐，那才是真的灾难。就拿赵莉这件事来说，我们可以预见得到，如果她不改变这种思维模式，总是沉浸在胡乱的猜想中，凭空给自己制造情绪困扰，她的状态一定会影响工作质量和效率，从而真的给她带来麻烦。

当头脑中出现"灾难化"的想法时，要学会转移注意力，多想一些美好的东西，用积极迎战的思维来面对问题。你可以问问自己：我为什么会感到不安？我最在乎的是什么？我要用什么样的方式才能达成自己的心愿？要怎样做才能避免糟糕的结果？

积极地采取措施，应对眼前的问题，远比进入灾难化思维的恶性循环要好得多。与其让一个小烦恼在潜意识里酿成一场大灾祸，不如想想如何梳理思路，缩小烦恼的影响范围，降低它的破坏力。这才是平复焦虑、扭转困境的有效途径。

非此即彼的逻辑伤人不浅

S的学习成绩一直都很稳定，偏偏在考研时失了利，失败带来的沮丧感蔓延到生活的各个方面，她突然觉得任何努力都没有意义了，看着镜中颓废的自己，既厌恶这样的状态，又不知道该怎么做，每晚都会焦虑得失眠。

L谈了几年的恋爱，付出了全部的真心，本想着这一生就与对方携手到老了，却不料遭遇了背叛。沉浸在失恋的焦灼中，她内心有强烈的不甘，甚至宣称这一生都不会再相信感情了，总觉得谁付出的真心多，谁受的伤害就越大。

H在工作中兢兢业业，从未想过偷懒耍滑，可在公司内部的竞聘中，她却输给了同部门的一位同事。事后她听说，那位同事的亲戚是公司的一位大客户，这个消息对H的打击很大。她开始怀疑努力的价值，把所有的问题都归咎于自己没有家庭背景上。事实上，公司的领导根本不知道这些，H却为此丧失了斗志。

你有没有发现：三个人的困惑涉及不同的方面——学习、感情和工作，本质却是一样的，她们用一次失败和不美好的经历否定了所有。这种评价事物的方法是不现实的，生活中很少有绝对的非此即彼。

考研失败了，不代表下次不会成功，也不代表不能拥有美好的前途；恋爱失败了，不代表所有的感情都不可信，收拾好心情，努力提升自己，还有机会遇到更适合的人；竞聘失败了，不代表自己一无是处，撇开所有的借口和外因，从自己身上找问题，争取下一次机会。任何时候，努力都不会是白费的。

心理学上有一个"合理情绪疗法"，它告诉我们：问题本身不是问题，如何看待问题才是真正的问题。生活中发生的很多事，并不是负面情绪的罪魁祸首，我们的感觉很大程度都源于自己的想法。如果一直用不合理的信念去看待人和事，很难豁然开朗。

记得一则故事里讲到，禅师带着几个小沙弥到一处绝壁前，问道："如果前面是悬崖，后面是深渊，你们往何处去？"众徒弟凝神思考的时候，最小的一个沙弥说："我往旁边走。"师父听后，会心地笑了。

任何事情，一味地钻牛角尖都只会变得更糟。焦虑的困境，很多时候都是自己编织出来的蜘蛛网，那些所谓的绝境，也不过是内心创造出来的假象。上天不会让任何人无路可走，只有内心的恐惧和绝望，才会逼人走入绝境。在未来的日子里，在你陷入生活的沼泽地时，请用A.J.克郎宁的这番话，给自己一点信心和希望吧——

"生活不是笔直通畅的走廊，让我们轻松自在地在其中旅行。生活是一座迷宫，我们必须从中找到自己的出路。我们时常会陷入迷茫，在死胡同中搜寻，但只要我们始终深信不疑，有一扇门就会向我们打开。它或许不是我们曾经想到的那一扇门，但我们最终将会发现，它是一扇有益之门。"

停！不要再给自己贴标签了

想象一下：你的眼前摆着一个颜色嫩黄、外形饱满的柠檬。你拿起这个柠檬，闻了闻它的味道。透过柠檬的表皮，你可以闻到那种酸酸的味道。接着，你用刀切开了柠檬，柠檬汁瞬间流淌出来，你的口中似乎已经充溢了柠檬特有的酸味。

现在，请你停止想象，把关注的焦点放在自己身上，看看发生了什么？

你的口腔是不是分泌出来更多的唾液？你的五官是不是不由得紧缩了？虽然没有真实的柠檬，也不曾品尝它的味道，可是从柠檬到心理暗示，再到分泌唾液，这一系列的变化都是由于想象和观念造成的。因为，你给柠檬贴的标签是"酸"。然后，你就对这个标签产生了心理和生理上的反映。人们平日里说的望梅止渴，也是这个道理。

对柠檬的标签化想象，不会给我们的生活带来什么不良的后果，可如果把柠檬变成自己或他人，再贴上不合实际的标签，带来的往往就是一系列的负面情绪。这就好比，你给自己贴上了一个"不够好"的标签，那么遇到任何的问题，你都会把原因归咎于它；就算有好的机会摆在眼前，你会因为这个标签的存在，而主动选择放弃。

标签化的思维方式，会妨碍我们按照自己所希望的方式行动，甚至让我们在想说"是"的时候说"不"；不敢提问题，不敢提要求，不敢追求自己想要的，害怕被拒绝、被嘲笑。结果呢？就是一边憧憬着理想中的生活，一边在眼前的苟且中焦灼。

2010年5月，俞敏洪在中国传媒大学南广学院演讲时说道：

"我们这辈子最容易犯两个错误，一是觉得自己这辈子可能不会有大的作为，另一个是料定别人不会有作为……人总希望自己成为伟大的艺术家，总希望自己成为伟大的事业家，或者伟大的企业家等等。但是，为什么有的人做到了，有的人没做到？就是因为做到的人，他们一定从心底里相信，自己这辈子一定能做成事情。"

一个人习惯在心理上进行什么样的自我暗示，他就会成为什么样的人，过什么样的生活，有什么样的结局。如果你总是对自己说"我不行""我会失败""大家都不喜欢我"，你的脑海就会被这个预言紧紧包围，阻止你去做积极的尝试，最终的结果往往就真的演变成了你所想得那样。

是你不具备尝试的勇气吗？是你不具备成功的条件吗？不是！是你的消极暗示让你变得焦虑、退缩、怯懦、自卑，让你忘记了自己还隐藏着巨大的、没有发挥出来的潜能，而这种潜能极有可能成就一个全新的、优秀的你。

　　没有人注定是平庸的，也没有人注定会一事无成，当不太顺畅的事情接二连三地出现时，别急着去抱怨和指责，扪心自问一下：是不是你给了自己太多的消极暗示？如果真是这样，那你首先要调整的就是你内心的想法，别总是用失败的教训提醒自己，揭下"这不行、那不行"的标签，告诉自己"还有希望、还有可能"，这会让你更加从容地面对生活中的一切。

负罪感只会让焦虑无限蔓延

鲁迅先生的《祝福》里，有一个逢人便重复同样话的女人，她就是祥林嫂。她有着一段悲惨的遭遇，因为疏忽没有看好自己的孩子，导致孩子被狼叼走。从此，这便成了她生命里最深的痛、最大的悔恨。周围的人对她没有同情和怜悯，只有冷漠与嘲笑。祥林嫂不知所措，渐渐地远离了人群，变得沉默寡言，终于在除夕夜里凄惨地死去。

相信直至现在，看过这篇文章的人，依然会对这一情节记忆犹新。祥林嫂的喋喋不休，她的怨声载道，她的后悔不已，简直成了女性的反面典型。其实，她所有的症结都只源于一点，就是不肯宽恕自己，在出现心理创伤之后没有及时走出心理阴影，悔恨交加的情绪积压在心里，耗竭了心力，导致精神世界彻底崩溃。

祥林嫂是虚构的，可生活中像祥林嫂一样的女人，却是真实可见的。

　　陈菲因病休假在家，心里却始终放不下工作的事。她是公司宣传部的主管，许多事都得亲自把关才放心，偶尔放任一下，就可能会出岔子。虽然每天在家里休息，可她还会不时地询问下工作上的事。后来，因为有一项重要的文件需要她签字，她便让助理下班时顺道把东西带过来。结果，在来她家的途中，助理不小心被一辆电动三轮车撞了。

　　事后很久，她一直都觉得愧对助理，每次面对助理她都会有些焦虑，总试图想办法"弥补"对方，弄得助理都觉得有点不好意思。毕竟，那次小意外，只是让她擦伤了皮，并无大碍。况且，就算不给陈菲送文件，她依然要经过那条路。从始至终，她从来就没有怪过陈菲。

　　年轻的女孩可可，内心极纯净，生性爱浪漫。一次偶然的机会，她开始了一场异地恋。思念难耐，对方后来为了她放弃了工作四年的岗位，来到可可所在的城市，重新找工作。可可既感动又内疚，总觉得是自己拖累了男友，因此处处迁就男友。没想到，男友后来竟然移情别恋了，对可可提出了分手。

　　分手之后，可可没有怨恨男友，反倒觉得自己不够好，导致了两人分道扬镳。她曾经借给男友1万块钱，虽然自己也遇到了难事，可一直不敢开口向对方要。她认为错在自己，没有理由去讨回那笔钱。

　　在这场爱情中，她受到了很大的伤害，可心里却总是觉得：如果对方不是因为自己离开原来的城市，后来的一切就不会发生，他们也不会因为生活的琐碎之事闹翻，那他更不会爱上另一个女人。她觉得自己才是罪魁祸首，万般无奈之下，她把内心的感受告诉了母亲。母亲跟她说："他为你做了那么多，这个钱就当作给他的回报吧。既然你以前已经做了好人，现在去要钱反而显得你小气。"欠账还钱本是天经地义之事，可在愧疚感的操纵下，可可却只能独自承受精神和物质上的双重伤害。

在陈菲和可可身上，我们看到了这样一种思维模式：一旦有不好的事情发生，就把责任归咎于自己。在心理学上，这种事事都认为自己不对的想法所引起的情绪，叫作"负罪感"。这种情绪伴随的观念就是："都是我的错，才会……"当负罪感产生时，总觉得自己对所做的某件事或说过的某些话要负有责任，觉得自己不该如此。这种情绪批判的不只是自己的行为，同时也批判了整个人。

"如果……那么……"的思维模式，是导致负罪感的重要原因。比如，"如果我再瘦一点，那么他就不会离开我""如果我再努力一点，那么晋升的人就是我"。这种思维模式的危害在于，它跟现实毫无关系，只存在于主观的推理中，从而严重影响了自尊和自信。

可能很多女人都不解，自己为什么会陷在"都是我的错"的漩涡中？

我们可以先看一个针对美国大学生的调查。研究人员要求学生们记录一件"给他人带来巨大喜悦的事情"，结果很有意思：学生们对自我的不同看法，明显地影响到了对事件的叙述。高度自信的学生描述的情形多半是基于自己本人的能力给他人带来的快乐，而那些缺乏自信的学生记得更多的是分析他人的需求，在意他人的感受，他们强调的是利他主义，而自信的学生强调的是自己的能力。

这就告诉我们，缺乏自信的人总是把他人的需求放在第一位，从而忽略了自己的能力和正常需求，继而萌生出一种心态：一旦事情出了问题，就把责任归咎于自己，因为没有满足他人而感到愧疚。这样的思维模式很容易让人产生自我怀疑和焦虑抑郁的情绪，因为背负着强烈的愧疚感，让生活和心情都变得很沉重。

如果你也是这样的人，那你应该想一想：这些谴责有什么意义？在现实生活中，自责会影响自信的确立，给心灵增加负担，饱受内疚感和羞耻感的折磨。要改变这一切，就得增强自我意识，告别"我应该""我后悔""我不喜欢自己"的思维方式。

把注意力从那些让你感到自责的事情上移开，去做你内心深处非常想做的事情，比如读一本小说、听一场音乐会，全身心地投入那件事情里，不去想结果和成绩，只享受过程。心理学实验证明：全身心投入一件事情里，能给人在精神和体能上带来帮助，并能消除人们对自己的不满情绪。在帮助他人的问题上，不要只关注他人的需求，无条件地付出，要用自己的热情和能力给予他人适当的帮助，找到自我满足感。

实事求是地评价自己在各种事情中应当负的责任，不要盲目夸大自己的"破坏力"。这样才能让自信心得到保护，也能更好地处理生活中的挫折，摆脱负面情绪的困扰。

外界的批判无法定义你的好坏

　　人的一生中要作出无数个决策，大到婚恋、择业，小到购物、出行，但无论做哪一件事情，都免不了要咨询他人的意见，抑或是被他人所评议，这些外部环境灌输给我们的观念，通常会直接影响我们的行为。

　　索伯格教授是史学界的专家，编撰过很多书籍，成果斐然。学生们都希望老师能够写一本回忆录，把历经的风雨讲给更多的人听。索伯格教授用了两年的时间完成了这本回忆录，学生帮他联系了一位知名出版社的编辑，编辑很感兴趣，花了一周的时间通读了全稿后，联系了索伯格教授，表示他们愿意出版这本书，只是有些地方需要做一些改动。

　　索伯格教授听闻回复后，表示自己最近很忙，但会尽快修改稿子，寄回出版社。可是，两三个月的时间过去了，编辑一直没有收到索伯格教授的修改稿，询问得到的回答是最近很忙。无奈之下，那位编辑只好委托当时联系他的那位学生，请求他去问问教授实情。

学生前往老师家拜访，在老师的书房里，他一眼就看出了放在书架最高层的那本厚厚的书稿。书稿的表面已经落了一层灰，看来老师已经打算把它束之高阁了。学生委婉地询问稿件修改的事宜，索伯格教授说："再等等吧，我还没有想好。万一改得不如出版社的意，我宁愿不出版了。"

学生瞬间就明白了老师的想法。原来，是编辑对文稿的改动意见让索伯格教授产生了焦虑和怯意。他虽然编撰了一辈子的书，但因为之前都是其他人的创作，其质量跟自己没有绝对的关系。可这一次是自己的回忆录，他就开始担忧外界的评价了。

这样的情况很常见，特别是自己准备做一项重要的决定，或是投入到某项事业中时，脑海里最先闪现的，就是怕别人的闲话。这时，内心的焦虑就会让人产生逃避和拖延的倾向，甚至会想："我能做好吗？""别人都不曾这样做，我可以吗？""自己的出身如此卑微，会不会被人看不起？"当这些念头涌上来时，整个世界顷刻间似乎都成了自己的敌人，周围都是嘲笑和讥讽的声音，仿佛所有人都在用尺子衡量自己。

这是很多人都会犯的错误，也是普遍存在的消极心理状态。虽说他人的评价有时可以帮助我们更好地认识自己，但这并不代表所有的评价都是正确的，更不意味着你要全盘接受这些评价，并将其中那些否定你的、怀疑你的话视为真理或预言。

　　美国知名女演员索尼娅·斯米茨年少时曾被班里的一个女生嘲笑长得丑，跑步的姿势难看，为此她还在父亲跟前大哭了一场。父亲听完笑了，并没有安慰她说"你很漂亮，跑步的姿势也很好看"，而是说"我能够得着家里的天花板"。

　　索尼娅·斯米茨不解，她想不到父亲怎么会把话题扯到天花板上，更何况天花板足足有4米高，父亲不可能够得着。望着她疑惑的表情，父亲问："你不相信，是吗？"索尼娅点点头。父亲接着说："这就对了！所以，你也不要相信那个女孩子说的话，因为不是每个人说的话都是事实。"

　　不管旁人对我们做出什么样的评价，那都仅仅是他们的主观理解。他们只是从自身的感受出发，而不会试图去了解事情的本质，更不会站在我们的角度考虑问题。我们无法强求别人从客观、公正的角度来评价任何事情，但我们能够在做任何事情的时候都这样告诉自己：所有的评价都跟我所做的事情的实际价值无关，别人的评价不会让我的价值降低，真正重要的是在这个过程中，我是否让自己的生命得到了绽放。

　　或许，我们都该谨记马克·鲍尔莱因的忠告："一个人成熟的标志之一就是，明白每天发生在自己身上99%的事情，对于别人而言根本毫无意义。"别人说什么，都只是他们内心的状态，而无法定义我们的好坏。

Chapter3
安全感是内心长出的盔甲

无论做多少努力，生活都是未知的

　　廖一梅编剧、孟京辉执导的话剧《柔软》，讲述的是一个青年男子和整形女医生深入探讨如何让自己变成女性，其中涉及的话题尖锐得可以刺痛每个人的神经。

　　青年男子总觉得是因为上帝的失误，让自己如此痛苦。所以，他不惜一切代价要纠正"上帝"的错误。他向女医生说出自己想要变性的想法，他内心认定，只要做了变性手术，就能够让自己重生，"变成女人"之后，他所有的自我怀疑、痛苦、悲观和绝望，都可以通过身体上的改变而消失。

　　到底，做女人有没有那么好？是不是在身体上做些改变，就可以解决一切问题？

　　女医生作为一名真实的女性，直言不讳地告诉男青年："你想听到作为女人的美妙之处，让你手术时对着一片天堂的幻觉进入昏迷，好忍受落在你身上的刀砍斧劈？可是，我没有什么好消息告诉你！"

　　之所以这样说，是因为女医生自己过得并不好，她也在饱受精神绝望的困扰。对此，作者在文中大致写道："她的理性和自我意识让她的处境越来越陷入一种隔离和对抗的状态之中，她并不祈望别人的承认与肯定，但自己又找不到生活的意义。她表面上看起来挺轻松，活得很潇洒，对于两性的教条不屑一顾，可实际上她又认为'爱'已经由于被滥用而失去了本身的意义，无法让人与人之间进行无阻隔的沟通。"

　　身在这种焦虑和痛苦之下，她的内心惶恐不已。

　　当一个人不能确定自己与外界的关系是否可以让自己获得幸福和安全感的时候，每天都会生活在惶恐不安中。有时，我们相信某个人，相信他能够为自己带来幸福，就像剧中的男青年把自己的重生寄托在女医生身上一样，或者就像渴望通过嫁人实现幸福的女人一样。

　　事实上呢？那个女医生可以为男青年成功地实施变性手术，但她能保证让他获得幸福吗？嫁给有钱人，获得了物质上的丰厚，但情感上的不幸福和不安全感，真的可以弥补吗？答案很显然是否定的。

　　透过这部剧，我们也该看到，安全感的缺失并不是某一个人的特例。在不确定和未知的事物面前，每个人都会感到恐惧。心理学斯洛特·尼利维尔曾经说过："我们每个人的内心都有一部电视机，随时都在播放着属于自己的画面。每个人都有自己的影音频道，它们有的如同乡间小曲一样宁静安详，有的则像摇滚乐一样令人惶恐不安，而如何调控这些频道，则要看我们怎样感受自己周围的一切。"

对绝大多数人来说,内心的频道并不是令人愉悦的,相反总是放着一些令人不安的音乐。有的人只有在遇到不好的事情时才会感到焦虑,而有些人时时刻刻都无法掌控自己的频道,头脑中总是出现让自己不安的画面,就像不停闪动的警报灯,搅乱着他的内心。

为什么会出现这种普遍的焦虑呢?

归根结底,就是头脑中臆想了各种悲剧的场景:在公共场合出糗;考试不理想;找不到工作;职位不稳;股市下跌;老无所依,以及其他各种我们能想到的负面场景。这种不安全感似乎永不停息,头脑无法停止思考,也就导致焦虑越来越重。无论此刻事情进展得多么顺利,无论生活赐予了多少幸福,他们也只是忙着烦恼过去,担心未来,却看不到当下。

我们从某种程度上相信,所有这些担忧都是有道理的,也希望用这样的方式来避开灾难。不幸的是,焦虑和不安从不会让生活变得更好、更有价值,它只会扰乱睡眠、引发争端、限制选择、带来痛苦。

生活本来就无法预知,而且是永远无法预知的,不管我们做多少努力,仍然不确定明天会怎样、会发生什么?真正能让我们踏实下来的,莫过于把握住现在能够把握的,做好现在能做的,秉持一种"但行好事,莫问前程"的心态,结局往往都不会太坏。

世界上最安全的角落是自己的心

有人把生活的安全感寄于金钱，也有人把心灵的安全感寄于一个舒适的环境，还有人把婚姻的安全感寄于一套房子。这些东西，究竟能否给女人带来心灵的平静与安宁呢？

35岁的莫妮卡在一家外企上班，福利待遇好，每年拿14个月薪水，除了扣除的五险一金和个税，每月拿到手里的钱也有近2万元。帝都虽然算是高消费城市，有高房价、高物价的压力，可月收入2万元也完全可以了，应该能很轻松地掌控生活。可拿着高薪的莫妮卡女士，觉得踏实吗？事实恰恰相反。

莫妮卡的不安全感来自晚生后辈的压力。她跟朋友念叨："最近我们公司又来了几个年轻的女孩，我仿佛看到了年轻时的自己。"作为一家外企的行政主管，莫妮卡一直抱怨自己工作太多，忙不过来，希望多培养几个下属，能为自己分担一下。前一阵，公司刚好来了几个大学生，莫妮卡负责带一个。

有句话说："初生牛犊不怕虎。"新下属刚接触工作，对什么都感兴趣，而且也很勤奋。莫妮卡带了她半个月，她的工作就已经有模有样了。照理说，莫妮卡应该高兴才对，这叫名师出高徒嘛！可是，莫妮卡的心里像打翻了五味瓶一样，说不出来的滋味。她隐约觉得，新手带出来了，对自己是一种竞争；可如果带不出来，别人会说她小气，打压新人，真是左右为难、前后矛盾。这让她很是郁闷，内心有一种莫名的危机感。

其实，这一幕我们并不陌生，电视剧版的《杜拉拉升职记》中，女上司玫瑰看到能干的下属杜拉拉，不肯传授她专业知识；能干的杜拉拉坐上了玫瑰的位子之后，看到能干的帕米拉，也找了个借口炒了她。她们也都存在这样的心理。

我们可以通过奋斗在事业上获得一定的成就，坐上自己想坐的位子，但这份高薪的职位，并不能给我们带来永远的安全感。换句话说，我们得到的不过是一时的平静，环境总在变，周围的人事也在变，对于未知的、有可能发生的那些我们不愿意发生的事，我们依然会感到恐惧和不安。

有些女人为了证实自身的价值，总是在别人的认可中寻求安全感。

28岁的R小姐，典型的北漂一族，来北京四年内连续跳槽三次。每一次辞职，并不是因为工作环境不好，也不是因为人际关系有障碍，更不是因为薪水的问题。

R小姐在最初那家公司待了两年之后，出去接触新的人、新的环境，有一种恐惧感。她有一种假想：是不是自己离开了这里，就无法找到更好的工作？或者说，是不是离开了这里，就什么也做不了了？

后来，R小姐选择辞职，重新找工作再适应新环境，来证明自己是被这个社会需要的，是难以失业的那类人，纵然今天没了工作，还能够有容身之地。就这样，她不停地辞职换工作，以此来找到生存安全感。只可惜，这种安全感和平静感，只能维系很短的时间。

对女人来说，有一种安全感不得不提，它跟婚姻和房子有关。

一位女性朋友，结婚前一直宣称，必须要找一个有房子的人结婚，否则免谈。后来，此女如愿以偿地交了一个物质条件优越的男友，家里开酒店，有一处大房产，车子两辆，此女大晒幸福。结果，三年之后，周围人又突然闻之两人分手，原因是此女和对方在一起没有安全感，因为对方有酗酒的习惯，而且住在男方家里，对方的母亲常常干涉他们的生活。再后来，此女结婚了，对象是一个普通的男人，没有多丰厚的家底，但工作上进，两人婚后攒钱付了首付，又买了处能承受得起的小房子，两人一起努力，每月还着月供，虽然不那么富有，可心里还挺知足，此女说这才是自己想要的生活。

从这些人这些事里，我们不难看出，试图从一份高薪、一个高职位中寻找别人的认同，是找不到长久的安全感的；在一份婚姻中，房子也替代不了两个人之间的情感沟通与融合。

真正的安全感应当来自于对自己的信心，是每个阶段性目标的实现，而真正的归属感，在于我们内心深处对自己命运的把握。真正的安全感,是即便没有人给予,自己一样可以游刃有余地掌控生活。

世界上最安全的角落就是我们的心,如果连自己都无法给自己一个安全的地方,那么还有什么可以依赖呢?当我们对外界索取得越少,内心拥有的能量越充足,安全感也就越多,随之而来的就是稳定的情绪,各种坏心情的困惑与苦恼自然会渐渐远离。

独立，女人生命中的头等大事

当恋爱和婚姻出现问题时，很多女人会抱怨说："他没有给我安全感。"因为安全感这三个字，让不少女性的情感路走得磕磕绊绊，满心伤痕。多数女人都在问：安全感到底在什么地方？怎样才能成为一个内心强大、有安全感的女人，经营好自己的感情？

记得有个故事讲到，在一望无际的草原上，一只袋鼠迷路了。天色越来越暗，袋鼠心中的焦虑也越来越重，它怕自己陷入沼泽，也担心落入猛兽口中。

突然，袋鼠看到了前方有一只羚羊，它的恐惧顿时减少了一半。它企图让羚羊带自己走出这块草地，可是跟着羚羊走了很久，最后又回到了原地。袋鼠明白了，原来那只羚羊也是迷路者。之后，袋鼠又碰到了兔子。兔子说它可以帮助袋鼠脱离险境，因为它有一张草原地图。袋鼠觉得有希望了，它跟随着兔子，可直到走得筋疲力尽，也没能走到草原的尽头。袋鼠拿过兔子手里的地图，仔细看过才发现，这

不焦虑：
受用一生的情绪管理课

是一个牧场的区域图，袋鼠又一次失望了。

天已经完全黑了，袋鼠漫无目的地走在草原上。它被恐惧和绝望打败了，它躺在草地上，等待着命运的安排。无意间，袋鼠把手插进口袋，它惊奇地发现了一张母亲过去留给它的草原地图。袋鼠若有所悟地笑了：它一直都寄希望于他人，却忘了答案就在自己身上。

每个女人都具有一份内在的地图，指引着自己离开不安的迷宫，如果不能成为一个独立的人，总把希望寄托在他人身上，结果往往都是一场悲剧。

她嫁了，嫁了有钱人。从此，她不再每天起早贪黑地奔波在路上，不再因为上司阴沉的脸小心翼翼，也不再为了吃穿家用而发愁。老公每天赚来大把的钱供她消费，保姆帮她料理好所有家事，她穿梭在商场、美容院和家之间，用打麻将消遣时光。

生活很安逸，可再舒适的日子，过久了也不免乏味。尤其是，她已经30岁了，而丈夫公司新进的职员，都是20几岁的女孩。曾经，丈夫夸耀她漂亮、能干，可现在他们之间的话题越来越少，就算她穿着再昂贵的衣服，丈夫也不过是看上两眼，一句赞美的话也没有。

出席活动时，她只能听到丈夫对业内那些成功女士的恭维，听到他向自己介绍，那女人多么多么了不起……她心里很失落，甚至涌起了自卑。她不知道该怎么表述这些心情，只会在回到家后大发脾气。一哭二闹三上吊，起初还有点效果，可用得多了，丈夫也习惯了，任她无理取闹，自己躲清静去了。

060

她觉得要窒息了。终于有一天，她收拾好行囊，一个人离开家，去了陌生的地方。她以为，见不到自己，丈夫会很着急，会给她打电话，会给她的朋友打电话，四处询问。可惜，这只是她幼稚的幻想。丈夫是打电话过来了，可说的是公司忙，这两天不回去了。在陌生的城市里，她觉得很冷。她住进一家最昂贵的酒店，想着自己第二天四处走走。

这样的旅行，实在不开心。平日里出门，都有司机接送，不用操心路该怎么走。现在，一切都要靠自己了，她分不清东南西北，拿着地图发呆，只会看，却看不懂。有些人跟她搭讪，她吓得心慌。最后，她只得打个出租车，去了当地的名胜，而后又打车去了机场。

终于回来了。可是，望着眼前的大房子，她的心又沉下去了。她觉得很讽刺，自己就像是透明蜜罐里的蝴蝶，透过玻璃看外面一片光明，可实际上却无路可走。

亦舒说："女人经济独立，才有本钱谈人格独立。如果在经济上依赖男人，就只能感叹一句：娜拉出走后，不是回来就是堕落。"或许，这就是现实版的"娜拉出走"，她与《玩偶之家》里的主人公没什么分别，一个丧失了独立生存能力的女子，她的生活可想而知。

在爱情的世界，真正的主角依然是自己，他的出现，只是因为你选择了他。不管他是谁，陪你走到哪儿，你都要让自己的戏隆重地演下去。就算他离开了，你缺少的也只是一个锦上添花的男配角，那份来自生命深处的掌声，那份给予自己生存和幸福的能力，始终在你手里。

亦舒在《我的前半生》里，写了一个叫子君的女人。她毕业后就嫁给自己的丈夫,平静地度过15年之后,丈夫有了外遇,要离婚。回想15年的婚姻生活,她除了消遣娱乐带孩子,什么也没做,没有社会经历,没有工作。

15年后,韶华逝去,爱人背叛。一切该怎么收场?丈夫已下定决心不回头,唯有自己站起来,才能重新开始。重生是痛苦的,要打破原有的习惯,要去融入新的环境。可人是万物之灵,一番挣扎之后,她在残酷的现实里找到了一方自己的天地。

再次与前夫在街头相遇时,她已经焕然一新。没有伤心感怀,没有凄凄切切,而是勇敢地抬着头,走着自己的路。大步行走的她,没有浓妆华服,没有多余的饰品,只有一件白衬衫、一条牛仔裤、一个大手提袋,头发挽在后面,从头到脚散发着优雅自然的神态。她的背影,让前夫都感到留恋,他觉得自己当初做错了选择。

对女人来说,无论遇到什么样的情况,最重要的就是独立。有独立的经济能力,有独立的思想,才能独立生存。女人不能永远做一个依附着橡树的常春藤,因为生活时刻在变化。**如果老天善待你,赐予你一个能干的丈夫和优越的生活,那么你不要收敛自己的斗志;如果老天不够疼爱你,百般设障,那么你也不要磨灭了对自己的信心和奋斗的勇气。**

无论你身处社会的哪一个阶层,能够支撑自己生活的独立性都会成为你的护身符。**不管结婚与否,不管是否有一个强大的男人作为依靠,也不管是否有足够的物质作为保障,那些都不能证明你自身价值的存在。有了这份笃定的尊严与傲娇,女人的内心便有了足够的底气和力量。**

当你静下来，一切自会明朗

对于"中国式过马路"的现象，大家肯定都不陌生。在繁华巷口，凑足了一撮人就走，根本无视红绿灯的存在。大家总觉得"随大流"是最安全的，一旦有人等不耐烦开始闯红灯，浮躁者就会紧跟其后，剩下的人看着眼前的一幕，总觉得继续在原地等待很尴尬，甚至也想借此机会闯过去，反正"人多势众"，司机也得"让三分"；况且，很多人还觉得，即便是绿灯亮了，两三个人过马路也不安全，若没有监控设备，司机也可能会闯红灯。

有人说，这是一种从众心理，但在这种表象的背后，其实也是安全感的匮乏和浮躁心理在作怪。生活在一个高物价、快节奏的时代，浮躁已经成了一种流行病。总觉得人生短暂，自己作为匆匆过客，唯有活得紧张而又明白，才有价值。

然而，这种明白，也只是自以为明白。多少人每天忙忙碌碌，其实内心无所适从，甚至没有自己的人生信念，对生活的真谛也不了解。看到别人有了什么，自己就去拼命地追寻，非要得到了，感觉和别人一样了，心里才觉得踏实，认为这才是有安全感的生活。可往往，越是带着这种心态过活，越是坐卧不安，计较自己的得失，喜怒无常；东一榔头西一棒槌，鱼和熊掌都想兼得；静不下心等待，也耐不住寂寞，稍有不如意就想退回来再找出路，难得为一件事倾尽全力。

Lily在北京打拼了五六年，现在仍旧租住在一间便宜的公寓里。几年前，她带着热情、美好的憧憬来到了这个城市，在五光十色的霓虹灯下，她觉得这里该是自己"启程"的地方，她想要的一切都会从这里开始，一步一步地朝自己走来。

有梦想是一件好事，但梦想的实现，需要时间，更需要一颗经得起等待的心。像许多年轻人一样，Lily年轻，觉得自己有大把的时间，可她那颗心却少了些岁月的沉淀，有点漂浮不定。

起初，她把生活定义为"付出就会有回报，而且回报来得很快"的模式，没想到从一开始找工作，信心就大受打击，她自诩的那点才识在激烈的竞争潮流中，很快被淹没了，显得那么不起眼。后来，退而求其次，Lily找到了一份暂时可以糊口的工作，可工作了一年之后，她却觉得失去自我了，时常感到精神空虚，内心慌乱，尤其是看到身边的一些人升职加薪、结婚买房，她更是焦躁不安。

面对大学时代的男友，她也开始心怀不满，对方过去的那些优点，她再也看不到了，心里对这份感情产生质疑——我们究竟能否在一起生活？我们能不能应对生活的压力？我们什么时候才能有个房子，不用居无定所？这一切，都让她的心找不到归属感。

Lily心里很着急，也希望能再充实一下自己，赚更多的钱，过上自己想过的生活。可就因为太着急，她做事根本没有头绪，想看点书，书在她眼前就像梦境一样凌乱难懂，强迫着自己看下去，可到头来什么都是一掠而过，入眼不入心。看上去是具备了一个努力学习奋斗的姿态，可实际效果等于零。浮躁的心，让她烦躁难耐，甚至偶尔半夜会惊醒，长吁短叹。

就这样稀里糊涂的，五六年的光景过去了。Lily还在眼巴巴地看着别人的生活，而自己一方面想着一步登天，另方面又为现实困恼不已。几经折腾，工作上没什么大的进步，生活上还是迷迷糊糊，唯一改变的就是换了两个恋人，结局还是一场空。

和Lily一样的女性不在少数，虽然心里都明白"吃得苦中苦，方为人上人"的道理，可面对现实的生活，她们太过不安了，并且心中一直存有"侥幸"——我能不能在很短的时间里拥有功名利禄和荣华富贵？

其实，这就是浮躁。不去踏踏实实地工作，总想着找捷径，总是眼望着别人的成就，就只能让自己离成功，离自己想要的生活、想要的快乐越来越远。从本质上来说，她们浮躁、焦虑、缺乏安全感，都是因为失去了真正的自我，总在用别人的成功标准和尺度衡量自己的人生，而不是一步一步地遵循着内心的期望，有条不紊地过生活。

德川家康曾经说过："人的一生就像背负着沉重的行李走路，急躁不得。"

人生需要像蜗牛一样慢慢地一步一步地往前爬，慢下来才能提高做事的质量，才能体会生活的美好，才能让自己的心沉稳安宁。 身处车水马龙、霓虹闪烁、充满诱惑的世界，不要想什么都得到，更不要想什么都要一步到位。

很多时候，浮躁都是失衡心在作怪，计较小事，好高骛远，贪多图快，不能得到满足，势必就会滋生浮躁和不安。学会脚踏实地，平和沉稳，不以物喜，不以己悲，就不会让心境反复在得意、狂喜、傲慢、不安、沮丧和焦虑中起伏了。

把时间用在感知美好的事物上

这样的生活情景，你是否觉得很熟悉？

担心上班迟到，从早上开始就死盯着手表不放，恨不得立刻就出现在办公室里；偶尔一天工作的进度慢了，内心就开始焦虑，恨不得把吃饭、睡觉的时间都搭进去，赶紧把工作补上；若是哪天被堵在了上班路上，心里就开始担忧：老板会不会怀疑我的工作态度？总而言之，心里时刻都在为了时间焦虑，不断地问自己是否还来得及？这样算不算浪费时间？

如果真是这样，那你可能要关注一下时间焦虑症了，这是一种因为对时间的反应过于关注而产生的情绪波动、生理变化现象。现代都市女性愈发感觉时间不够用，做事匆匆忙忙，会不喜欢无所事事，如果有一段时间什么都没做，就感觉自己在浪费生命，会产生严重的罪恶感。更有甚者，会因为花费一两个小时散步、看电影而觉得自己在浪费生命，非要在事后把这个时间用工作弥补上，才觉得心安。

赵小姐就是一个严重的时间焦虑症患者。在职场打拼十余年，她每天都活在对时间的焦虑中："我真的不知道该怎么调节这种焦虑感，特别是节假日的时候。虽然处在假期里，可我不能允许自己浪费时间，每天都要追问自己，是不是对时间进行了充分的安排？总觉得必须要有事情做，哪怕是钓鱼、爬山、购物，就是不能让时间闲着，必须要充实才觉得没有浪费假期。可说实话，这样的安排也没有让我多高兴，只是图一个心安。"

对于自己的时间焦虑症，赵小姐自己也有意识，且做过一些努力。她说："当我发现自己内心不安时，我会告诉自己，别那么苛刻，要懂得享受生活，偷懒一下没什么关系。但这种自我安慰的效果只是一时的，很快我又会为无所事事感到焦虑。这种矛盾让我很痛苦，左右为难，纠结得很。"

赵小姐对时间的焦虑，最根本的原因在于对人生价值的追求，她总觉得必须充分利用每一分钟才有意义，否则的话，就是虚度人生。传统的教育告诉我们，浪费时间是可耻的，但这种观念是有特指的：在该认真做事的时候，要充分利用每一分钟，这样获得的是高效。可生活需要的是品质，所谓的品质就是要把时间放在感知美好上，去感受时光的流动，而不是去盲目地追赶时间。

想摆脱对时间的焦虑，就要清楚每一件事情存在的意义，以及自己当下最需要的是什么，如何做出最有利于自己的抉择。比如，你觉得最近很累，那么睡觉的时间就是重要的，它能够帮你恢复体力，更好地应对工作；如果你最近压力很大，那么请假出游几天，回归大自然，是比较合适的选择，这不是浪费时间，而是劳逸结合，舒缓情绪。只要有目的地去利用时间，无论是睡觉、郊游、看电影、健身，这些时间都是有意义的。明白了时间的意义，才不会每天担忧自己在浪费时间。

如果总觉得时间不够用，那也要思考一下：是不是自己想要的太多了？时间有限，而想做的事越来越多，可分配的时间自然就少了。问问自己：真的需要做这么多事情吗？有时候，我们想做的并不一定是内心真正需要的，而是攀比的心理在作祟。

别人都在跟风去做的事情，未必真的适合你，你本以为到海边吹风很享受，结果却被嘈杂的人群弄得很烦心；你以为去日本体验温泉会很舒服，结果发现还不如躺在自家的浴缸里感觉卫生。

对女人来说，清醒地认识自己很重要。我们每天的忙碌，为的不是成为别人，也不是要改变世界，而是要找到自己想要的。用自己最擅长、最舒服的方式活在世上，做自己生命的主宰者，对时间的焦虑感就会降低，因为你已经抓住了自己的人生。

放下依赖，学会与孤独同在

很多女人畏惧孤独，害怕一个人相处，于是不由自主地去爱恋一个异性，或是时刻让自己置身于热闹的环境中。**这种依赖感，其实是想从他人身上获得情感需求，得到爱、温暖和关心。一旦关系结束或要回归到独处的境地中，就会遭受焦虑与不安的侵袭。**

A和恋人分开了。分手前后的反差让她内心的孤独和不安全感变得愈发强烈，甚至难以忍受。为了逃避这种难忍的痛苦，A就开始想入非非地自我欺骗：也许我不该跟他分手，如果我再忍耐一点，如果我再多付出一点，也许我们还能在一起……没有他的日子，A觉得每一秒都是煎熬，就连自己的生命都不完整了。

聚会结束了。H前一刻还置身在人群中，跟朋友嬉笑打闹，围坐在一起吃饭，这一刻置身在出租车上或是狭小的出租屋里，却感觉落寞无助和空虚，仿佛刚刚所有的景象都是梦，自己流露出的所有笑容都掺杂着勉强，内心深处的落寞丝毫没有减少。拿着手机翻来翻去，可以拨打的号码很多，却始终找不到一个能倾诉心声的人。

K费尽心力地想要证明自己，拿出所有的勇气和信心做了一个决定，结果得到的全是误解和不屑。有人说她好出风头，有人说她自不量力，仿佛就在一瞬间，整个世界都站到了她的对立面，让她不知如何自处。

当初跟V说好一起追梦的人很多，真到了起跑线上，一个个却都退缩了。望着前方迷茫而曲折的路，V多想有个人能拉着自己一起走，可回顾四周却找不见一个能同行的人。她跌跌撞撞地往前走，摔得头破血流时，也想过放弃，也想过有人搀扶，到最后还是自己强忍着疼痛，擦干眼泪继续往前走。

这些处境是人生的常态，在面临这样的境遇时，怎么做才是解脱？

答案简单却不易行：**接受事实，学会与孤独和不安相处。**

人生总有那么一段路，是需要靠自己前行的，在这段独行的日子里，所有的酸楚都只能自行消融。正因为此，很多女人畏惧孤独、厌恶孤独，将其视为洪水猛兽，竭尽所能地去融入人群，不惜委曲求全，以免成为一只落单的候鸟。

结果呢？恰恰中了那句话："越繁华越寂寞，越热闹越孤单。"

奥利地诗人里尔克是一个把孤独享受到极致的人，他的很多作品里都有描写孤独的句子。跟千千万万普通人一样，他也曾对孤独感到厌倦和悲观，可当他经历了颠沛流离的生活，并在孤独中升华了自己以后，才真切地感受到了孤独的美妙。

里尔克出生在一个普通的铁路职工家庭，父母很早就离婚了，破碎的家庭让他过着与其他同龄人不一样的情感生活。长大后，里尔克进了一所军事学校，他并不喜欢这里，只不过当时的平民阶层都渴望让子女从军，以此跻身于上流社会，他才不得不留在这儿读中学。这段求学的时光，被里尔克视为对精神和肉体的双重摧残，也加深了他的孤独感。

不久后，里尔克由于身体条件太弱，被军事学校除名。他又转到了一所商业学校，但依然提不起任何兴致。后来，里尔克带着孤独落寞的心情，开始游历欧洲各国，他见过托尔斯泰，也给雕塑家罗丹当过助理，还在第一次世界大战时入伍。颠沛流离的生活，让里尔克变得更加孤独和悲观，在没有人理解的时候，他把所有的心事都写在了纸上。

在写作的过程中，里克尔找到了前所未有的充实感，仿佛走进了另外的世界。渐渐地，他不再排斥孤独，而是感谢孤独让他对生活有了全新的体验。他把美好的孤独加诸在自己的作品里，此时的孤独，没有了与社会的对抗，也没有了被社会冷落、被人群孤立的影子，而是化为一种坚定的精神力量、一种对自我的深度思考。

里尔克开始享受孤独，也开始劝导那些畏惧孤独的人。他在《给青年诗人的信》中写道："在圣诞节到来之际，当您在节日中比平日更难忍孤独中，您不会收不到我的问候。可是，如果在那时您发觉孤独很厉害，那就为此感到高兴吧！因为（请您自问）不厉害的孤独算什么呢？孤独只有一种，它是厉害的、不容易忍受的，差不多所有的人都会碰到这种时刻，那时，他们情愿放弃这种时刻，换取任何一种不管多么平庸而毫无价值的交际，跟随便什么人，跟最微不足道的人取得一点点表面上的一致。"

这个世上没有谁可以忍受绝对的孤独，但是绝不能忍受孤独的女人，就像被风吹拂的池塘，风不停，她就永远无法获得平静。**只有懂得了如何与孤独相处，才懂得了如何与世界相处。**

在无人陪伴的时候，在必须要一个人去承受所有的时候，学会像里尔克这样，抚平你内心的孤独吧！去好好享受这份难得的体验，把它当成生活给予自己的一份礼物。当你感受到了孤独的好处时，你也会惊喜地发现，内心已在不知不觉中充满了力量。

走出"我想要"的围城吧

哲学家塞尼加曾说:"如果你一直觉得不满,即使你拥有了整个世界,也会觉得伤心。"欲望是一碗剧毒的药,谁喝了都会一击致命。很多时候,不是我们拥有得不够多,只因内心的贪求太多,不停地向外界寻求,才把自己弄得慌慌张张。

没有房子时,小柯一直盼望着能有个自己的家,结束四处搬家的日子。于是,她辛辛苦苦攒够了首付,在近郊买了一套小房子。起初她觉着,有了自己的房子,心里就踏实多了,也不会再奢求什么了。谁知,房子带来的也不过是一时的开心和满足。

在近郊住,意味着每天要早起坐公交车去上班,冬天的时候特别冷,夏天的时候车内空气又不好,而且每天早上挤车的人很多,赶上堵车而自己又没座位,就得一路站到脚疼腿软。这时,她又开始想着要是有辆自己的车多好,总觉得它也是生活的必需品。于是,咬了咬牙,她买了辆车。

有车有房有工作，看起来挺不错的了。小柯曾经也认为拥有这样的生活会满足，可实际上根本不是。生活安定了下来，她又开始觉得工作太辛苦，时间不自由，很想四处去旅行，从国内到国外。若说辞职去旅行，放松一下，可她又很害怕，一旦真的放松了，总觉得会失去什么，所以又不得不把自己往不满足的方向推……总之，不管是过去还是现在，她都觉得生活不尽如人意，还是差点什么。

后来，小柯无意中看到作家刘墉描写的一段坐火车的情景，简单的几句话触动了她的心：

"火车车厢内拥挤不堪，无立足之地的人会想，我要是能有一块站的地方就好了；有立足之地的想，我要是能有一个座位就好了；有座位的人就会想，我要是能有一个卧铺就好了；就连有卧铺的人还会想，这要是一个独立的包厢就太好了。社会上的一些人和这车上的乘客一样，总是不满足自己所拥有的，所以幸福也就离他们很远。"

小柯想想，不免觉得惭愧：自己不就是火车上的那些乘客吗？渴望的东西越来越多，心也越来越浮躁。从物质需要到精神需求，这种"我想要"的欲望，一直没有消退，反而是愈演愈烈。贪婪的心驾驭着自己，不知满足地希冀着更多，到头来，把自己拥有的都忽略了，没有去享受房子带来的安宁，也没有去享受车子带来的便利，更没有享受工作带来的生活改变和自我价值的实现，只是不停地向远处看，让忧虑占据自己的生活。

每个人都会有一些需求和欲望，但这种需求和欲望当适可而止，与自己的能力和社会条件相符合。若是总想着什么都拥有，不懂知足和感恩，最后往往什么都得不到。就像《老子》所言："祸莫大于不知足，咎莫大于欲得。"这个世界上，没有什么灾祸比不知满足更大，也没有什么比贪得无厌更严重。

一个人远行，赶上夏天天气炎热，正午的时候他又渴又饿。肚子饿还尚且能忍受一阵子，但口渴却很难熬，他边走边四处寻找水源。

很快，他看到了一条河，河水很清澈，这简直就像是救命的福星。可他又想，这么多水，我能喝得完吗？于是，他就待在原地不动，苦思冥想。

一个路人见此情形好奇地问："你在这里做什么？"

他说："我很口渴，好不容易才找到这条河，可是里面水这么多，我担心喝不完。"

过路人笑着摇摇头，说："你喝你自己需要的量就行了，谁要你统统喝完啊？"

是不是很可笑？喝水的目的是为了解渴，结果却为了怕喝不完而焦虑。

其实，这则故事是告诉我们，欲望和需求的区别。这条小河代表着世间的种种物质和诱惑，行人口渴的状态是代表需求。对多数人来说，口渴了需要喝水没什么错，可若需求不受控制，想把河水都喝完，就是内心深处的一种欲望。就在他苦思冥想的时候，痛苦（口渴）也在随着贪欲的增加而增加。到时候，很可能一口水没喝到，就因为贪恋那条小河，在河边活活渴死了，让本来的一件好事成为遗憾。

每个女人都向往美好的生活，都希望自己过得好一点，这是人之常情。只不过，需求要建立在自己的能力范围之内，不要铤而走险让自己的心背负无畏的压力。想要得太多，贪求得太多，让欲望无限膨胀，催着自己朝着崩溃的方向走，纵然得到的再多，也感受不到拥有的喜悦，因为你的生活永远是不停地"我想要"，而不是"我已经拥有"。

永远不要觉得"如果我拥有了某件东西，我就满足了，我就心安了"，欲望是没有尽头的，学不会放下一些东西，心就会越来越沉重。平衡和满足，来自于心灵对生活的体悟，对生命的尊重，对已经拥有的事物的珍惜。与一切无争，一切自当安静。

Chapter4
冲破恐惧带来的无力感

任何人都会恐惧，不必为此羞耻

　　大龄单身女青年E经常跟人说，她想要结婚，想要组建家庭。她经常去描绘那种安稳而幸福的生活，却从来没有考虑过如何一步步实现这个目标。她的身边不缺乏心意相投者，但是害怕被人拒绝的恐惧，却让她一直不敢迈出追求幸福的第一步。

　　拉拉想跟上司提加薪的事。在那个重要的日子来临之前，她一遍遍地在心里默默重复早已准备好的理由，她理应得到更好的待遇，且那些理由都很有说服力。可是，到了开会那天，和老板面对面的时候，她怯场了。她的语速变得很快，想好的各种理由忘了一大半。面谈结束后，她带着一颗被击得粉碎的自信心离开了，而加薪的请求自然也没得到批准。

　　这样的经历，你是否也有过？置身事外，看到他人的故事，你是否领悟到了什么？

　　面对恐惧带来的焦虑感，让很多女人都曾对自己的胆小、懦弱感到懊恼，认为这是一种消极的情绪。她们无比渴望成为一个勇者，总想着如何消除恐惧，但对恐惧的厌恶之情却让她们沦为了恐惧的奴隶，受其控制。

其实，从我们呱呱落地的那一刻起，恐惧就伴随着我们，直至我们闭上双眼离开人世。我们总以为，那些成功的、优秀的人，都是无所畏惧的，因为他们敢想敢做。但其实，这不过是表象，任何人都摆脱不了恐惧。谁要是说自己毫不畏惧，或是想要粉碎、破坏、征服恐惧，最终都会以失败告终。

史蒂夫·凡·兹维也顿是安全监控专家，成功化解了无数的威胁和冲突。他的话就是最好的总结："在我22年的安全维护工作中，我从来不和那些标榜自己从不畏惧的人合作。一个人在某些情况下毫不畏惧——这有可能，但是一个人要说自己面对所有情况都毫不畏惧——这是绝对不可能的。"

前世界重量级拳击冠军乔·伯格纳曾两次与拳王阿里较量。在这两次比赛中，他都坚持到了最后。阿里曾为伯格纳指点迷津，伯格纳一直都记着这位伟大拳王的话："任何走上拳击场的人，如果丝毫不感到恐惧，那他一定是个傻子。道理很简单：他们对这项运动根本毫不了解。因为没有恐惧，就没有对抗力，也就没有准确的判断力、敏捷的反应和凌厉的战术来避险制胜。"

前澳大利亚板球队队长马克·泰勒也认同这种观点。他说："当你跑出去击球的时候，或多或少会感到恐惧。作为一名击球手，我总是对未知的情况充满恐惧。我觉得，优秀的球员和伟大的球员之间最大的区别在于他们处理恐惧的方式。当我感到恐惧时，我会想，场上所有球员可能都跟我一样紧张，这样一来，我就不再恐惧了。"

心理学家发现，人类的很多情绪状态，不是全凭意志力就可以抑制的，恐惧就是其一。这或多或少使我们感到慰藉，感到恐惧不是因为缺乏自律，也并非软弱的表现。任何对付恐惧的尝试都有可能失败，最后，这些失败的经历会使人感觉更加糟糕。

不要把自己的恐惧和他人的恐惧相比较。恐惧是在自己的生活经历基础上产生的，其他人的恐惧是由他们的自身经历产生的。每个人的经历不同，感受到的恐惧也不一样。你害怕的东西，别人并不一定就会害怕。

总而言之，不管是谁，一旦踏出了舒适圈，都有可能会感到恐惧。庆幸的是，你不必为恐惧而感到羞耻，只要能够正确地看待恐惧、处理恐惧，恐惧是完全可以被驾驭的。

90% 的恐惧都是自己吓唬自己

恐惧是人生的大敌，当我们面临恐惧时会产生焦虑、紧张以及担心、慌乱等负面情绪，而这些情绪让我们变得胆小怕事、畏缩不前，最终只能战战兢兢地等待失败的光临。其实，就像"恐怖角"的传说只是一个误会一样，大多恐惧只是自己吓自己。

平凡的上班族麦克，在37岁那年的一天下午，做出了一个惊人的决定——他放弃了薪水优厚的工作，把身上仅有的一些钱施舍给了街上的流浪汉，回家匆匆带了几身换洗的衣物，告别了未婚妻，徒步从阳光明媚的加州出发了——他要一个人横越美国，到东海岸北卡罗来纳州的"恐怖角"去。而在作这个决定之前，他简直面临精神崩溃的困境。

那天下午，这个再平凡不过的白领突然大哭起来，因为他问了自己一个问题：如果死神通知我今天死期到了，会不会留下很多遗憾？答案是肯定的，而且这个答案令他万分恐惧。这时的麦克才意识到，虽然自己有个体面的工作，有个漂亮的未婚妻，有许多关心自己的至亲好友，但他发现自己这辈子从来没有下过赌注，一生平淡，从来没有达到过高峰，也没有跌到过低谷。

他扪心自问：这一生有没有经历过苦难，有没有勇敢地挑战过恐惧？接着他哭了，为自己懦弱的前半生而哭。麦克开始检讨自己，诚实地为自己一生的恐惧开出了一张清单：

小时候他怕保姆、怕邮差、怕鸟、怕猫、怕蛇、怕蝙蝠、怕黑、怕幽灵、怕荒野……而这些小时候令他恐惧的东西现在依然折磨着他。

长大后，他恐惧的东西就更多了，他害怕孤独、怕失败、怕与陌生人交谈、怕精神崩溃……他无所不怕，于是恐惧让他小心翼翼地活着，尽量避免接触这些令自己恐惧的东西。

想到这里，他忽然意识到，这正是造成他一生平平淡淡的根源，于是，就在他精神即将崩溃之时，他毅然做出了这个仓促而大胆的决定。

麦克决定挑战恐惧，于是他选择了这个令人闻风丧胆的"恐惧角"作为最终的目的地，借以象征征服他生命中所有恐惧的决心。

这个懦弱的37岁的男人终于上路了，尽管在这之前他还接到祖母的警告："孩子，你一定会在路上被人欺负的。"从小到大，他想不起自己有多少次因为这种警告而退缩，这次他不再退缩了。

他的决定是对的，他成功了，在几千次迷路、几十顿野餐，以及一百多个陌生人的帮助下，他抵达了目的地。这期间，他没有接受过任何金钱的馈赠，他曾与黑夜和空旷为伍，在雷雨交加中睡在超市提供的简易睡袋里；曾有几个像公路分尸杀手或抢匪的家伙让他心惊胆战；在最艰难的时候，他还在陌生的游民之家打工以换取住宿；在民宅投宿时，他还碰到过几个患有精神病的好心人。

就在他思考下次会不会碰到孤魂野鬼的时候，他抵达了恐怖角。与此同时，他接到了未婚妻寄给他的提款卡，当他看到这个对他的旅途毫无用处的包裹时，激动地紧紧地拥抱了邮递员。麦克并不是为了证明金钱无用，而是用这种常人难以忍受的艰辛旅程使自己一次性地直面了所有的恐惧。

除此之外，更加让麦克兴奋的是"恐怖角"的本名。原来，"恐怖角"这个名称，是16世纪的一位探险家取的，本来叫"cape faire"，结果在漫长的岁月中被讹传为"cape fear"。这只是一个误会！

这次独自旅行彻底改变了麦克。就像他自己说的："'恐怖角'这个名字的误会，就像我自己的恐惧一样。我恐惧的不是死亡，而是生命，这是我最大的耻辱！"

也许，在今后漫长的岁月里，麦克还会陷入各种各样的恐惧中，但相信他已经知道如何应对这些恐惧了，他不会傻到再让恐惧掌控他的后半生。他花了六个星期，到了一个与自己的想象相去甚远的地方，却总结出了一句至理名言。

每个人的一生都无法避开恐惧，无论是公众演讲、求职面试，还是面对挫折失败、压力责任，都会有那种心跳加速、焦灼急躁的感觉。在恐惧时，我们会感到异常孤独无助，从而怀疑自己的勇气。面对恐惧，我们真的无法反驳，只能坐以待毙，甚至仓皇而逃吗?

当然不是。亚里士多德说过："我们不恐惧那些我们相信不会降临在我们头上的东西，也不恐惧那些我们相信不会给我们招致事端的人，在我们觉得他们还不会危害我们的时候，是不会害怕的。因此，恐惧的意义是：恐惧是由那些相信某事物已降临到他们身上的人感觉到的，恐惧是因特殊的人，以特殊的方式，并在特殊的时间条件下产生的。"

这就说明，惧由心生，恐惧源于害怕，害怕源于无知。怕了一辈子鬼的人，恐怕一辈子也没见过鬼，这就说明恐惧的原因是自己吓唬自己。

世上没有什么事能真正让人恐惧，恐惧只不过是人心中的一种无形障碍罢了。不少人碰到棘手的问题时，习惯设想出许多莫须有的困难，这自然就产生了恐惧感。没来由的、荒谬可笑的恐惧会把我们囚禁在无形的监牢里，让我们无法充分地展示自我。恐惧并不能伤害我们，只要克服源于我们自身的心理障碍，就可以冲破重围，让恐惧的阴霾烟消云散。

消极暗示是左右心智的魔鬼

卡卡最近总觉得自己在走霉运：担心家里的新地毯会被弄脏，不管自己多么小心翼翼，还是不经意地把果汁打翻，或是把面包碎屑弄到了地毯上；匆忙地赶去赴约，心里觉得那个时间点很难打到车，结果正如她所料，从眼前经过的出租车都载着客人，从她面前飞驰而过。那次重要的约会，她最终还是迟到了；新来的上司脾气古怪，要求苛刻，她怕招惹上司不满，却还是把报告写错了，挨了一通批评。

这些事情让卡卡变得心神不宁，她甚至有点害怕，觉得自己的人生像是被下了诅咒一样：怕什么来什么！她有点儿不敢想象，接下来还会遇到什么样的麻烦？

卡卡的经历，想必很多人也有过，越担心什么地方出问题，偏偏那个地方就真的出问题。难道，真的是时运不济？对此，哈佛大学教授戴维·麦克莱兰解释说："人们总是爱将恐惧的事情惦记于心，这会促使恐惧的事变成事实。"内心越恐惧的事情，越容易变成现实。

这种现象，在心理学上被称为墨菲定律。

那么，为何会出现"怕什么，来什么"的情况呢？

美国斯坦福大学的权威人士通过一项研究得出科学结论：**人大脑中的某一想象图像，会刺激人的神经系统，把假想当成真实情况，并为此做出努力。**比如，当一个高尔夫球运动员在击球之前，担心自己把球打进水里，他就一再告诉自己说："千万别把球打进水里。"然后，他的大脑中就出现了一幅"球掉进水里"的清晰图像。结果，他偏偏就把球打进了水里。

一位女博士童年时遭遇家庭变故，后不得不跟随祖母一起生活。她心里的痛苦和忧伤，从来都无处倾诉，这使得她形成了内向孤僻的性格。虽然她在学习方面表现得很优秀，顺利考上了博士，可她的生活却总是阴郁多于快乐。随着年龄的增长，接触的人事越来越复杂，她内心的苦痛也开始加倍，不知如何排解的她只好偷偷求助于心理医生。在经过一段时间的治疗后，女孩的情况看似有些好转。正当医生决定为她做进一步的治疗时，她却自杀了。

对于她的死，心理医生深感痛心，除了惋惜之外，还有些许内疚。事实上，他真的已经尽到了医生的职责。女博士最终没能走出童年时期的阴影，是她在和自己的战斗中输掉了生活的勇气。医生的治疗永远只是一个辅助因素，遇到这样的情况，想要彻底抹平心灵的伤痕，还要靠自身的毅力和信念，要善于借助美好的东西去打败消极的念头，当积极的思想占据上风时，整个人生才可能出现质的转变。

　　任何事情都有两个面，对一件事情的认识也无所谓对错，只有积极和消极之分。你认为事情是积极的，就会满怀信心，处理问题也充满了热情；你认为事情是不好的，就会丧失信心，一败涂地。命运都是由自己掌握的，你可以任由焦虑、痛苦、悲观、恐惧将自己紧紧包围，也可以建造一个愉快、澄明、精彩的人生。

　　想拥有后者，就要把腐蚀性的消极思想统统驱逐到心门之外，用希望代替失望，用积极代替消极，用自信代替怀疑，当你心中充斥着各种美好的事物时，你就会获得一种前所未有的力量，它足以支撑你战胜生活中所有的障碍。

接受最坏的结果，便不再怕失去了

多年前，美国一位名叫欧嘉的女士患了癌症，医生宣称她会经历一段漫长而痛苦的过程，最终离开人世。为了确定诊断无误，她还特意找到国内最有名的医生询问，结果得到的答案是一样的。

死亡即将降临，欧嘉的内心绝望极了，她还那么年轻，她不想死。在绝望之余，她打电话给自己的主治医生，宣泄出所有的痛苦和恐惧。医生不耐烦地打断了她的话："怎么了，欧嘉？难道你一点儿斗志都没有了吗？你要是一直这样哭下去，必死无疑。你确实遇上了最坏的情况，但我希望你面对现实，不要忧虑，然后尽可能地想想办法。"

挂断电话后，欧嘉的情绪稳定了很多。她狠狠地攥了拳头，指甲深深地掐进了肉里，背上一阵阵地发冷，在内心里发誓："我不会再忧虑，不会再哭泣！如果还有什么要想的，那就是我一定要赢！我一定要活下去！"

通常情况下，治疗这种癌症在不能够用镭照射的情况下，就要照10.5分钟的X光。可是，欧嘉却连续49天每天照14.5分钟的X光！她瘦得皮包骨，两条腿重如铅块，但她一点儿都不忧虑，也没有哭过。她总是带着微笑去面对这一些，尽管有时这些微笑是勉强挤出来的。

欧嘉这么做，当然不是相信微笑就能治好癌症，但她相信，乐观的精神状态绝对有助于身体抵抗疾病。结果，她真的上演了一场癌症治愈的奇迹，她的身体状况越来越平稳。想到这些，她总说："多亏了我的医生告诉我，不要忧虑、想想办法，才让我一步步走到现在。"

世上最摧残人的活力、消磨人的意志、降低人的能力的东西，莫过于忧虑了。 一个遇事总忧虑的人是很难克服恐惧的，更无法战胜身体上的疾病和生活中的困境。道理很简单，人在心情不稳定的情况下，做什么事情效率都不会太高，脑细胞受到了外界不良因素的干扰，根本无法像没有任何精神压力时那样集中思考，扰乱了事情原本应有的解决步骤和方式。

道理易懂，可多数女性在遇到问题的时候，仍然会不知不觉地萌生忧虑和恐惧。当这些负面的情绪出现时，该怎么做才能让自己尽可能地保持平静呢？

已故的美国小说家塔金顿曾说，他可以忍受一切变故，除了失明，他绝不能忍受失明。结果，怕什么，偏偏来什么。令塔金顿最为恐惧的事，终究还是发生了。

在他六十岁那年的某天，他看着地毯时，突然发现地毯的颜色渐渐模糊，他看不出图案了。经过检查，医生告诉他一个残酷的真相：他有一只眼差不多已经失明，另一只眼也接近失明。

面对这最大的灾难，很多人猜想，他肯定会觉得人生完了，纵然不会一蹶不振，但肯定会沮丧至极。出人意料的是，他还挺乐观，甚至可以用愉快来形容。当那些浮游的大斑点阻挡了他的视野时，他幽默地说："嗨，又是这个大家伙，不知道他今早要到哪儿去！"等到眼睛完全失明后，塔金顿说："我现在已经接受了这个事实，也可以面对任何状况。"

为了恢复视力，塔金顿一年里要接受十二次以上的手术，而且是采用局部麻醉。有人怀疑，他会不会抗拒？没有。他知道这是必须的，无法逃避的，他唯一能做的就是优雅地接受。他放弃了高档的私人病房，而是跟大家一起住在大病房里，想办法让大家开心点。每次又要做手术的时候，他都提醒自己："我已经很幸运了，现在的科学多么发达，连眼睛这么精细的器官都可以做手术了！"

想象一下这件事，每年要接受十二次以上的手术，还要忍受失明的痛苦，不知多少人在听闻此事后会崩溃。不过，塔金顿学会了接受，还坦言自己不愿意用快乐的经验来替换这次体验，也相信人生没有什么事能够超过自己的容忍力。

应用心理学之父威廉·詹姆斯说过："能接受既成事实，是克服随之而来的任何不幸的第一步。"林语堂在他那本《生活的艺术》里也说过同样的话："心理上的平静能顶住最坏的境遇，能让你焕发新的活力。"

生活中出现问题的时候，不要惊慌失措，仔细回顾并分析整个过程，确定如果失败的话，最坏的结果是什么？面对可能发生的最坏情况，预测自己的心理防线，让自己能够接受这个最坏的情况。有了能够接受最坏情况的思想准备后，就要回归平静的心态，把时间和精力用来改善那种最坏的情况。当我们能接受最坏的结果时，就不会再害怕失去什么了。

与其苦苦折磨自己，不如直面所有

有两只猫都很讨厌影子，一心想要摆脱它。然而，不管走到哪儿，只要有阳光出现，它们就会看到令自己抓狂的影子。后来，它们总算找到了各自的解决办法：一只猫选择永远闭着眼睛，另一只猫则选择永远待在其他东西的阴影里。

每个人在生活中都有渴望摆脱的"影子"，它就是已经发生的或正在发生的痛苦体验。这样的负面事件往往会伴随我们的一生，我们能够做的，至多就是将其压抑到潜意识里，这就是所谓的忘记。无奈的是，这些负面事件在潜意识里依然会发挥作用，总会不时地袭击我们的内心，涌起一股难以名状的痛苦。在这种痛苦的作用下，多数人都会下意识地去逃避。

怎么逃避呢？就像那两只小猫一样，要么对生命中所有重要的负面事件视而不见，要么干脆把所有的事情都搞得一塌糊涂，以此来掩盖原初事件的痛苦，让它显得不那么可怕。

这些做法真的有用吗？显然，不过是自我欺骗罢了。就像许多酗酒成性的人，其中不少人都有过一个酗酒且带有暴力倾向的父亲，他们在过往的生命中承受了不少痛苦，为了忘记这些体验，他们也选择了用酗酒的方式来逃避。在清醒之后，他们又会对自己的行为产生深深的懊悔和自责，无法消融这种感觉的时候，又会借酒浇愁，陷入恶性循环之中。

摆脱恐惧和痛苦，彻底解决问题的办法，永远只有一个，那就是——直面所有。

爱尔西·麦可密克在《读者文摘》的一篇文章里写道："当我们不再反抗那些不可避免的事实之后，我们能节省下精力，创造出一个更加丰富的生活。"诗人惠特曼也曾这样说过："让我们学着像树木一样顺其自然，面对黑夜、风暴、饥饿、意外与挫折。"

在漫长的岁月里，我们都会碰到令人不悦甚至难以忍受的痛苦，可事情既然如此，就不会另有他样。如果我们不敢去面对，用各种借口和方式来逃避，只会让痛苦和焦虑变本加厉，与其苦苦折磨自己，不如鼓足勇气去坦然接受，直面所有。当你具备了这样的勇气时，你可能会发现，许多事情并没有你想象中那样可怕，你的意志和韧劲远远超出你的预期。

希尔顿说过："人要有远大的梦想，要始终坚信梦想可以实现。当一扇门向你关闭时，必有另一扇门向你敞开。关键在于你要把注意力始终放在即将开启的那扇门上。"

　　面对所有痛苦的体验，我们不能逃避，而要直面它。**直面现实，不等于束手接受所有的不幸，但凡有任何能够挽救的机会，都要竭尽全力去尝试。即便发现情势已经无法挽回了，也要以积极的心态去规划以后的生活。**

　　不要把一切想得那么难，人生最大的敌人不是外界的逆流，而是自己。当你肯定自己有这样的能力时，一种内在的力量就会爆发，它会助你在痛苦中升华，在接受中成长、成熟。任何绝望中都包含着希望，只要你的心不绝望、意志不绝望，生活永远都不会让你失望。

当你不再怯懦，就有了无限可能

一则古老的寓言里讲到，魔鬼曾向人们出售它所有的商品，包括憎恨、嫉妒、绝望、恶念、疾病等，每一个商品上面都标好了价格。可是，在桌子的一角，有一件商品看起来破旧不堪，却标着远远高于其他商品的价格，价签上写着它的名字——怯懦。

有人好奇地问："为什么怯懦的价格那么高？"魔鬼回答说："使用它比其他工具要更容易，我可以用它打开任何一扇紧闭的大门，一旦进了门我便可以为所欲为。"

怯懦是左右心智的魔鬼，是引发焦虑的导火索。在面对生活中的各种考验和挑战时，总有一些女性畏首畏尾，显示出一副无能的姿态，即便眼前摆着的是一个绝佳的机会，她们也会前瞻后顾，想象着各种可怕的结果，完全不敢奢望自己能够成功，更不敢付诸行动。最后，就印证了希腊先哲苏格拉底的那句话："人失去了勇敢，就失去了一切。"

　　潜意识就是这样一个玄妙的东西，当你心中不断重复某个概念的时候，无论你喜欢不喜欢，它都会吸引这个概念的到来。如果你总是畏畏缩缩、胆怯害怕，担心自己难以做成事，那么你就真的中了魔鬼的"毒药"，所有的潜能和光芒都会被遮挡住，变得平庸无为。

　　事实上，真有那么多值得忧虑的东西吗？一件事的结果真如你想得那么糟糕吗？就算事情出现了不好的兆头，也不意味着真的没有转机，如果真的变成了那样，那多半是你沉浸在无谓的忧虑中，白白耗费了时间和精力，没有将其用在恰当的地方，没有充分调动你的潜能去解决问题，阻挡最坏的情况发生。很多时候，我们能够做到的事，远比自己预想得要多，而过程也远比自己想象得要顺利。

　　美国作家查尔斯到了55岁时，还没有写过小说，也从未有过这样的想法。直到后来，他向某国际财团申请电缆电视网执照时，才萌生了这个念头。当时，一位朋友打电话说，他的申请可能会被拒绝。查尔斯有点紧张，开始想自己以后该怎么办？在查阅了一些卷宗后，他为自己写下备忘录，其中有十几句字体潦草的句子，写的是一部电影的大致情节。

　　查尔斯在办公室里坐了一会儿，思索着是否还要继续这样的工作。最后，他拿起电话，拨通了作家朋友阿瑟·黑利的电话："阿瑟，我有个自认为不错的想法，想把它写成电影。你能告诉我，如何才能把它交给某个经纪人或是制片商的手里吗？"

　　"噢，查尔斯，我劝你别这么做。这条路成功的概率几乎是零，就算你找到一个人，他采用了你的想法并将其变成现实，你的故事梗概所得的报酬也不会太高。你真的确信，那是一个不同寻常的想法吗？"黑利在阐述了自己的观点后，略带怀疑地问道。

"是的。"查尔斯回答得十分肯定。

"好，如果你确信，那么我提醒你，你要为它押上一年时间的赌注，把它写成小说。如果你能做到这一点，你会从小说中得到收入，如果很成功，那你就把它卖给制片商，得到更多的钱，这是故事梗概远不能做到的。"

放下电话后，查尔斯走出了房间，他不停地问自己："我有写小说的天赋和耐心吗？"当他思考这一问题时，他突然变得很有信心，仿佛看到自己在进行调查、安排情节、描写人物、激情撰稿，然后不断地润色……查尔斯当即决定，为这件事押上一年的时间。

一年零三个月后，查尔斯的小说完成了。他的小说在加拿大的麦克莱兰和斯图尔特公司，美国的西猛公司、舒斯特和艾玛袖珍图书公司，大不列颠、意大利、荷兰、日本和阿根廷都得到了出版。最后，它还被拍成了电影《绑架总统》，由威廉·沙特纳、哈尔·霍尔布鲁克、阿瓦·加德纳和凡·约翰逊主演。

就这样，从未有过写作经验的查尔斯，一跃成了著名的作家。在这之后，他的写作天赋和灵感就像泉涌一样源源不断，又写出了五部小说。

意念可以毁灭一个人，也可以成就一个人，就看你秉持什么样的

态度。在仅有一个故事梗概的时候，查尔斯也是怯懦的，一直怀疑自己是否有写作的天赋。可当他静下心来思考，眼前浮现出行动和结果的蓝图时，他摒弃了所有的恐惧和疑虑，坚定了要做这件事的决心和信心。正是从那一刻起，他开始走向辉煌之路。

生命的无限可能往往不是淹没于身份的卑微，也不是淹没于失败的过往，而是淹没于内心的怯懦。你越是害怕，就越不敢迈步，当你忘记了所有的假想，就会变得大胆而无畏。

Chapter5
给焦躁的情绪找个出口

放下顾虑，把内心的痛苦说出来

父母没离婚时，她每天生活在争吵与厮打中，弱小的心早已伤痕累累。她不知道该跟谁说，也不敢跟外人去说，只能躲在被窝里偷偷地哭。父母离婚后，她跟随母亲生活，家里没有男人的身影，所有的脏活累活都是母亲自己来做。她看在眼里，疼在心里，却无能为力，这种挫败感一直存在她心里，总也抹不去。

从小到大，她的生命里几乎没什么朋友。读大学时，同龄人都住校，她家在市区，离学校不远，所以每天都回家。她说是想多陪陪母亲，其实是害怕住宿，不知道如何跟别人相处。

她越来越自闭，除了到学校上课，其他时间都习惯把自己锁在房间里，听贝多芬的《命运交响曲》，看卡夫卡、杜拉斯、张爱玲、村上春树，在这个封闭的空间里，她觉得很安全。她从没有单独和母亲之外的什么人出去过，即便是学校里的集体活动或聚会，她也以身体不适为由，避免出席。

这些年的生活就像模板，一成不变。她心里积压着太多的话、太多的故事，却无处释放。她变得越发情绪化，把种种不适发泄到自己的身体上，她不吃饭、不睡觉，折磨着自己，身体难受时，她才觉得心里舒服一点，因为这时会得到母亲的嘘寒问暖，会听到旁人关切的问候。她知道，她想要的就是——被爱。

一次特别的相遇，让她的人生变得不同了。工作的第二年，她在街角的咖啡厅，遇到了一个同样喜欢读书、喜欢音乐、喜欢写字的安静的女孩。那女孩温婉平和，看到她手里拿着的《少女小渔》便和她轻柔地打了一声招呼："你也喜欢严歌苓吗？"她点点头。

那个午后，她们聊了很多关于作家的话题。而后，彼此留了QQ号，还有彼此的微博。她们对彼此的了解，应该是在网络上。她们互相加了对方为好友，关注着对方每天的心情。她的微博，从未给过身边的人，对待这个陌生的女孩，她却显得那么信任。她相信，人与人之间是存在磁场的。

当自己发出的每一条微博、每一份心情，都会有人在下面给予评论和安慰时，她突然觉得，生命有了期待。她们很少见面，却非常了解对方。这位陌生朋友的出现，也为她憋闷的心灵找到了一个出口，她可以说出自己的真实感受，可以没有任何顾虑和负担。当然，她对温婉女孩也如是，也关注着她，付出着她的真诚。

这样的日子，持续了一年。因为同在一个城市，温婉女孩偶尔会邀请她出来坐坐，起初她很犹豫、很担忧，但慢慢地尝试了一两次后，她竟然也对"约会"产生了一点小期待和小兴奋。一次见面后，温婉女孩发了一条短信给她，上面写道："你和我们刚刚认识的时候，不太一样了。我真希望，你在未来的每一天都能这样微笑着。"

看到这里，她才意识到，自己在不知不觉中改变了许多。她变得爱笑了，看事情不太悲观了，对生活也开始有期待了。她回复了一条："谢谢你，为我的心提供了一个出口。"

当一个人抑制自己表达情绪时，心中积累的负面能量就会越来越多，进而可能引发幻觉、梦魇、焦虑和抑郁。此时，必须要为它找一个出口，不断释放出里面的毒素，才能恢复内在的平衡。这就如同地球内部积攒的热量，如果不让它以地热喷泉、小规模火山活动等方式释放，那么迟早有一天，它会因为无力承受而大规模的释放，引发火山喷发、大级别地震、海啸，造成不可挽回的损失。

心理学上有这样一种法则：把烦恼告诉别人，可以减少一半痛苦；把喜悦告诉别人，可以增加一倍快乐。**每个人都有需要倾诉的时候，每个人都有倾诉的需要，倾诉是化解心中苦闷与抑郁的绝佳方式，也是正常的心理防卫机制。尝试把憋在心里的话说出来，不良情绪就能得到净化。**当然，倾诉和宣泄也是要讲对象和方式的。

志同道合的知心朋友，在我们的生命中占据着特殊的地位。很多人都愿意把自己的苦闷、忧愁、悲伤乃至愤恨向好友倾诉。而亲密的朋友呢？恰恰是解决这些令人头痛问题的能手，他们会帮你找出产生不良情绪的根源，还会帮你卸下心灵的包袱，摆脱坏情绪的困扰。

　　找到了倾诉对象，不要没有节制地把心里的"垃圾"乱倒一气，反复地诉说你的抱怨。如此一来，不管对方和你的关系多么亲密，他也难以忍受，因为负面情绪是会传染的，影响到了对方的情绪和生活，你的倾诉就成了骚扰。特别是家庭的琐事，别人未必能够与你产生共鸣，你的喋喋不休只会惹人厌烦。

　　每个人都会遇到困境，不要人为地去放大困难，陷入其中不可自拔。沉溺在苦难中，就如同将心灵置于垃圾堆中，它会毒化心灵，使心灵失去光泽。如果你找不到一位令人感到安全的朋友，那就要试着想其他倾诉的办法，比如找心理医生，或者把坏情绪写出来，发到私密的网络空间中，或是说给陌生的网友听，这些都能够帮你倾倒出心灵的垃圾。

做点有意义的事，赶走心灵的懒惰

你听过这个小故事吗？一个懒汉在梦中向成就求爱，结果成就甩开他的纠缠走了。等到懒汉醒来，在枕边发现了一句留言："我永远不属于你。"

是的，成就永远不会属于懒惰，懒惰注定只能跟焦虑相伴。不信你去看，那些懒人总是什么都不想做，做什么都觉得没意思，一天到晚只想窝在家里、赖在床上，或是坐在电脑跟前玩游戏。他们内心充满了焦虑，也厌烦这样的状态，却总是有心无力。

这种心理上的懒惰，会扼杀生活的激情，形成无意识的疲劳，让人面对眼前的生活产生一种无力感。这种无力不仅仅是精神层面的，也包括物质上的。要消除心理上的懒惰，唯一的办法就是——换一种生活方式。

陈梦是都市里漂泊着的大龄"剩女"，今年已经30岁。她不是什么"白骨精"，没有高学历、高收入，也不是公司里的精英，她就是茫茫人海中一个不起眼的普通女人，没有漂亮的容颜，也没有相依相伴的爱人，只身一人承受着所有，也享受着所有。

不久前，陈梦应聘到一家小公司做文员，在城乡结合部租了一间10平方米的房子。那个狭小的空间，就是她在这个城市里唯一的落脚地。一个人生活，她懒得做饭，总是在外面随便吃点什么，而后回到那个冰冰冷冷的布满灰尘的屋子。陈梦不知道前途在哪儿，每天下班后，她无所事事，总觉得干什么都没意思，可置身于这个充满竞争的都市，她内心又感到无比焦虑，知道这样的状态不是长久之计。

某天晚上，身在远方的好友与陈梦视频聊天。从画面中，好友看出了陈梦的低迷和沉郁，她觉得，陈梦缺的不是物质上的东西，而是一份好心情。她给陈梦提出了"换一种生活方式"的建议，让陈梦尝试一下，看看心理上会有什么变化。

陈梦听从了好友的建议，做了下面的几件事：

第一，把凌乱的房间收拾干净，买一些炊具回家，让房子变成"家"。好友告诉她，环境会影响心情，房子干净了，心情也会跟着明朗起来。陈梦用了两个晚上的时间，把房间彻底打扫了一遍，把扔得到处都是的衣服整整齐齐地叠好放进了柜子。房间干净了，她似乎觉得也不那么憋闷了。周末，她买了新鲜食材，把要好的同事请来，下厨做了一顿家常饭，没花多少钱，却觉得吃得很温馨、很舒服。

第二，打破一成不变的居住氛围，打破墨守成规的生活方式。一成不变的气氛，很容易令人灰心。30岁，虽然不再青春年少，但还是充满希望。她买了一块自己喜欢的花布，把窗帘、床单、桌布全都换掉。

第三，买了一盆容易饲养的花，抱养了一只可爱的猫咪。花的生长给她带来了希望和活力，猫咪的成长让她看到了生命的历程。精心照顾猫咪的过程，也让她逐渐找回了心灵的平静与安稳。有植物的点缀、动物的陪伴，屋子里生动了许多。

第四，在网上搜寻附近的招生广告，给自己报了一个喜欢的健身班。平日下班或是周末有空，她都会穿着轻便的运动装去健身房，运动愉悦了身心，保证了健康，还给她提供了结识新朋友的机会，她觉得日子不再那么空虚。

第五，给自己买一盏台灯，买几本喜欢的书。夜晚是最容易伤感的时候，特别是一个人生活时。台灯与书籍的陪伴，帮她驱逐了漫长的黑夜，也为她的心灵补充了能量，让她领悟到人生的真谛。有书陪伴的夜晚，她突然觉得，独处竟也是一种奢华的享受。

自从付诸了这些简单的行动，陈梦发现生活真的可以不一样。过去那颗无力的心，现在变得愈发充盈和灵动了，而那份对生活、对未来的焦虑感，也逐渐减少了。

做有意义的事，能够使人获得信心。可能之前的你，会觉得自己什么都不行，所以心灵上就变得越来越懒惰，什么都不想尝试。现在，强迫自己有目标地行动起来，让自己必须做一件事，你便能够从中体验到许多阶段性成果，你会发现从前是你低估了自己，忽视了你的潜能。你会发现，过去不敢做的事、很难做的事，只是因为你没有去做罢了。

有时，人之所变得空虚、无聊、颓废、焦虑，对什么事都没兴趣，是因为从未获得过心理学上说的那种"高峰体验"，也就是说没有通过努力、奋斗和投入，得到一种夹杂着成功、荣耀、完成、自我肯定等在内的极度强烈的兴奋感，让自己享受摆脱了怯懦、自卑、紧张的快乐感觉。

从现在开始，试着调动全身心的力量，认真努力地完成一件事吧！让自己感受一把驾驭生活的快感，唤醒心灵对生命的热爱。

偶尔阿Q一点，没什么大不了

阿Q，鲁迅笔下的一枚小人物。每当别人打他骂他时，他总是想：这是儿子打老子，于是就高兴起来。通常，阿Q都是被嘲讽的对象，是哀其不幸、怒其不争的典型，他所使用的自我心理安慰法，亦被鲁迅先生称为"精神胜利法"。

我们暂且不谈阿Q只知道自我欺骗、不知道奋斗和抗争的性格缺陷，只说说他的自我安慰法。其实，"精神胜利法"是一种有效的心理防御武器。面对无奈的现实、不讲理的上司、不公平的事，与其惶惶不可终日，不如像阿Q那样进行一下自我心理安慰。

对于年轻姑娘刘小A来说，刚走出洁白温暖的象牙塔，就进入五颜六色的销售圈，的确是有点"鸭梨山大"。为了在大城市里待下去，她只得忍着，一次次地用"百忍成金"这样的豪言壮语来安慰自己，虽然安慰完了偶尔还是要躲在被窝里掉两滴眼泪。

每天要自己开发客户，给客户打电话。打30个电话，能有1个有点感兴趣的就不错了，其他29个电话，不是直接挂断，就是冲她大吼一通，训斥她打扰了自己的生活和工作。当然，也有说话客气的，那就是领导的助理，巧言妙语地打发了她，告诉她别再来电话。心理承受能力差点儿的，根本接受不了这样的工作性质，都是没干几天就走人了。对此，业务经理对刘小A语重心长地说了一句："咱们这儿啊，剩者为王。"

好在，刘小A是个大大咧咧的人，没有那么敏感。适应了自己的工作性质，听到客户在电话里大吼，她就把话筒拿到一边，等对方发泄得差不多了，她再用甜美的声音，给对方以"微笑"的感受。这样的办法，屡试不爽，还真让她约到了几个客户。当然，在挂断电话之后，她就会半带嘲笑地说："我又打赢了一个BOSS。"

一次，她遇到了一位奇怪的客户，对方是个老头，满脸横肉，脖子生得粗壮有力，粗短的头发一根根直立着，看起来就像是"刺头"，给人的感觉是他随时都会"火山爆发"。刘小A不停地述说公司的实力、他们能够达到的效果、设计预想，可对方只是面无表情地盯着她，既不说好，也不说不好。她说着说着，看着他那毫无表情的面孔，和那没有丝毫友好之意的眼神，突然开始紧张了，最后忍不住放弃了谈判。

刚离开不远，她就有点后悔了，甚至还有点自责：还说自己要争取月销售冠军呢？这么一个老头都应付不了，能成什么大器啊？她漫无目的地在街上走，路过一个公园时，顺势走了进去，想散散心，给自己找回点勇气。这时，她看见一位中年男子牵着一头松狮，心想：那老头愁容不展的样子，不正像这头松狮吗？看上去可怕，其实也很可爱。

于是，刘小A鼓起勇气，又去找了那位客户。当心里的紧张感出现时，她就看着老头，心想：他真像那只松狮，可很爱的嘛！这样一想，她脸上就绽放了笑容，恐惧感也被丢掉了爪哇国，言谈又恢复了往常的淡定和自信。最后，她竟然真的打动了那个老头，做成了一个大单。

后来，她跟朋友提及这件事，朋友调侃着说道："你这不是职场版的女阿Q吗？"

刘小A假装一本正经地说："做了一回阿Q，我才知道，其实人家阿Q挺幸福的。"

人有时候确实需要阿Q一点，否则生存将会变成一件无比艰难的事。那么，如何在生活中使用"阿Q精神胜利法"呢？其实，方式有很多。

"酸葡萄"心理，多数人都不陌生，即吃不着葡萄，就说葡萄是酸的，其实，这就是一种精神胜利法。**很多问题我们只要换一个角度来看，心理就不会失衡了。**比如：吃了亏说"吃亏是福"；丢了东西说"破财免灾"；侥幸逃过一劫说"大难不死，必有后福"；降职时说"无官一身轻"；挨了批评说"等着瞧吧，早晚有一天我会……"；手指扎了一根刺说"幸亏没扎在眼里"；一颗牙痛时说

"幸亏不是满口的牙都痛"……

国外的报纸上，通常都有政治漫画，将一些大人物塑造成搞笑的形象。读者看了会心一笑，感到心中非常受用。因为对普通人来说，大人物与自己有一定的距离，而这种政治漫画就可以平衡读者的心理，消除他们心中对大人物的距离感。

遇到暂时比自己强大的人、让自己感到恐惧的人，不妨也在心里偷偷地降低和恶搞一些他们的形象，就像故事中的刘小A那样，使自己的心理获得某种平衡。需要谨记的是，这种方法只能在心里默默地进行，若把"精神胜利法"变成了语言中的恶搞，那就是对他人的羞辱和不尊重了。

放肆地哭一场，也能找回力量

　　繁华的城市，落寞的身影，伴着街上的霓虹灯，丁凌孤单地行走在人群中。手机关机，QQ不再登录，这种与世隔绝的日子，她已经过了整整七天。她常说："真正的痛苦是无法共同分担的，只能从一个肩膀，移到另一个肩膀。"所以，对于很多心情，她都想着"自行了断"。

　　相恋五年的那个人，一转身的时间，竟然成了别人的新郎。曾经的动人誓言，都已经成为过期的车票，失去了存在的意义。她还来不及说一声再见，再见就已经变成现实。从22岁到27岁，五年最美好的青春，她都如数给了那个人，一个女人有多少个五年？青春是永不复返的，到了即将逝去的年龄，换来的却是两手空空，那种心痛和绝望，让她对爱情产生了怀疑。她不停地问自己："我还能相信谁？我还有没有能量再去爱一个人？"

　　从分手到现在，她没有掉过一滴眼泪，就算是心痛欲裂，她也忍住不哭。她总觉得，眼泪掉得没有价值，哭是懦弱、是不舍，而那个人根本不值得她那样做。她向公司请了半个月的长假，无视老板不情愿的神情。是的，现在的她顾及不了每个人的感受，因为她连自己都安慰不了。

每天独来独往，她只是轻哼着一首歌："谁都别说，让我一个人躲一躲，你的承诺，我竟然没怀疑过……"然而，要从记忆里擦掉一段往事，擦掉一个用生命爱过的人，谈何容易？尤其，当看着身边的人，一个又一个携手走进婚礼时，她的心更是难以承受。就算不怀念他，可那过往的青春呢？谁又能够补偿？

夜深了，庆幸是春天，风不凉。走到电影院门口，3D重制版本的《泰坦尼克号》正在上映。她一个人走了进去，晚场的人不多，但多半都是约会的情侣。在你侬我侬的环境里，她的心显得更空了，不由得想起微博上一句调侃的话："卡梅隆给了我15年的时间去找一个人一起看泰坦尼克号，我却依然没有找到。"

她全身心地投入到了影片中，暂时忘却了悲伤。当她看到Jack慢慢沉没到海里，却对Rose说："你一定会脱险的，你要活下去，生很多孩子，看着他们长大。你会安享晚年，安息在温暖的床上，而不是今晚在这里，不是像这样死去。"而Rose也答应了Jack好好地活下去，最后努力吹哨获得营救时，她再也控制不住自己的眼泪，哭得一塌糊涂。

是为了故事中缠绵悱恻的爱情哭泣？还是为了自己的遭遇哭泣？

丁凌也说不清楚。只是，哭过一场之后，她的心情好了很多，压抑已久的情绪也恢复了平静。回想起电影的画面，她又联想到自己：如果我是Rose，我能不能那样勇敢地活下去？

晚上回到家，她洗了一个热水澡，躺在床上用手机发了一条微博："不管发生了什么，谁离开了你的世界，都要好好地活下去，快乐地活下去。有些事，哭过就算了！"

眼泪无论是"私下的"还是"当众的"，效果通常都是积极的。**哭泣能把因悲伤而产生的对人体有害的化学物质随眼泪排出体外，减轻心理压力，缓解紧张、焦虑的情绪，让痛苦感慢慢消失，获得一种被释放的感觉。**

当然，任何事情都有两面性，作为释放心理压力的方法，偶尔地短时间的哭泣，是有好处的，可若把它变成一种习惯就不好了。用哭泣缓解情绪时，请记住以下三点：

◎**哭泣时间别超过15分钟**

哭泣是一种宣泄手段，不能长时间进行，感觉压抑的心情得到了发泄和缓解之后，就要停止哭泣。人的肠胃机能对情绪极为敏感，忧愁悲伤或者哭泣时间太长，胃的运动就会减慢。而胃液分泌减少，酸度下降，会直接影响食欲，甚至引起各种胃部疾病。

◎**不要把哭泣当"万能钥匙"**

哭泣可以适当运用，但不是任何事都可以用哭来解决。人不是简单的动物，不能重复情绪堆积和发泄的简单过程。**人是有认知功能和**

控制能力的，如果遇到困难和压力，只知道用哭来发泄，那么时间长了，主动性、积极性和应对困境的能力就会降低。脆弱的心，就会变得更加敏感和娇弱。

◎哭泣之余多进行积极调节

哭泣能暂时释放压力，但心理问题并不能得到真正的解决，当哭泣变成了一种习惯，就可能会让心灵感到更加孤独、自怨自艾，最终在哭泣中产生抑郁情绪。如此依赖，整个人的心态都会出问题，不信任他人，不相信自己，还会损害记忆力和注意力，降低免疫力。所以，哭泣减压一定得"见好就收"。

在利用哭泣缓解焦虑情绪之余，要正视自己的心理问题，多进行自我激励，积极提升自己的社交能力，才是正确的方式。总而言之，该哭的时候可以哭，哭过要想办法解决问题，这样的哭才有意义、有效用。

丢掉禁锢，还原最真实的自己

生命是自己的，可我们却总是用别人的标准来框定自己的人生。

沐沐是一家公司的策划师，刚入行的那几年，她充满了干劲，对工作特有激情。可做了五六年之后，她感觉自己"退步"了，做事瞻前顾后、畏首畏尾、怕这怕那，很多次都不能独立拿出方案来。更让她头疼的是，不只职场失意，婚姻也亮了红灯。

过去，她跟丈夫的感情很好，可如今丈夫却对她越发冷漠了。两个人也沟通过，丈夫只觉得沐沐现在变得谨小慎微，活得很焦虑，遇到事情就往坏处想，脾气也很暴躁。有时，鸡毛蒜皮的小事也会让她大发雷霆，完全不像一个三十岁女人该有的姿态。

沐沐何尝不知道自己的变化呢！她承认，这几年自己确实有焦头烂额的感觉。工作做了五六年，按理说应该有丰富的经验了，根本用不着这么担惊受怕，可她就是没法放松自己。每次接手一个企划案，甭管大小，都会让她伤透脑筋。她希望把每个细节都做到完美，不容有一点瑕疵，而这种要求就导致她不停地跟自己较劲，没法正常吃饭、休息，没法跟同事安然相处，她陷入了对人对事的过分挑剔中。

在内心深处，在潜意识深层，她其实对自己充满了怀疑：她不相信自己能够做到，质疑自己的能力，质疑生活的质量，质疑婚姻的幸福。所以，她经常会制造各种"祸端"，试探家人、同事会给自己带来什么，对自己的态度，以此来找到自己的存在感，还有她在别人眼中的影响力。

这样的思维模式，不是与生俱来的，而是跟她内心的记忆有关。她从未向人提过，自己童年时被打骂、被严厉管教的情景。小时候，母亲对她要求很严，稍有不听话，就会被罚"禁闭"。所以，她一直很努力、很规矩地做人做事，大学毕业后，事业也做得不错。两年前，母亲因病去世，而沐沐却也因此变得愈发焦躁。丈夫以为，是因为母亲的离开让她心理上难以承受，所以处处忍让着她，没想到他却变本加厉，动不动就发脾气。

一次争吵后，沐沐突然沮丧不已，说起了自己年幼时的经历。颇懂人心的丈夫突然明白了，沐沐现在的反应，完全是因为母亲的严格命令导致的。她对自己的挑剔、对家人的挑剔、对工作的挑剔，完全是母亲强加给她的心理暗示：你要做到最好，我才会认可你。如今，母亲不在了，那捆绑了她多年的"紧箍咒"一下子消失了，压抑太久的她，不断地给生活和工作制造事端，就是想看看自己到底是什么样的。她那恣意的放纵，不过是在找寻内心深处那个自由的自己。

恐慌感驱使着沐沐不断向前，她渴望通过外在的一切来证明自己，让所有人知道她是好的。究其根源，是她内心不肯接纳自己，才导致情绪大起大落，患得患失，内心焦虑不安。

内在自我的纠结，是毒害心灵的罪魁。要从纠结中解脱，其实也不难，那就是丢掉禁锢，还原你本来的样子，做最真实的自己。

生活在现代社会，我们或多或少会出于生存压力去伪装一下自己，这是无可厚非的。只是，在不必非要伪装的时候，记得把面具摘下来，做回真实的自己。不要管别人怎么想，只要是你喜欢的、你认定的、你选择的，那就一如既往地坚持下去。

在遗忘中饮尽一切不堪的过往

在这个世界上，有些女人是为记忆活着的，记忆就像一本独特的书，内容越翻越多，且越来越清晰，越读就会越沉迷。当然，也有些女人是为遗忘活着的，过去的事不管多么糟糕、多么悲壮、多么委屈，对她们来说都是过眼云烟，不计较过去，不眷恋历史，只活在眼前。

苏梅，就是这样的女人。她对人生看得很"开"，也经常在微博里发表一些自己的人生观，引得不少朋友追捧。她说：人生，并不总是诗情画意，还有许多痛苦和忧伤。如果将这些东西都存储在记忆里，人生就会越来越沉重，越来越悲伤。当你回首往事时会发现，一生中美好的体验只是瞬间，占据很小的一部分，而大部分的时间都交给了失望、犹豫和不满足。我不想这样过一生，人要学会遗忘，这是一件幸福的事。

这番话不是心血来潮、故作深沉的表态。写这篇日志时，是她离婚的第一天。别人都说，她命不好，连母亲也这样说过。她陪着丈夫一起辛苦奋斗，最后却给别人做了嫁衣。如今的她，成了单亲妈妈，虽然照料孩子的事情上有父母的帮衬，可看着她辛苦地忙里忙外，旁人还是觉得她太委屈。对于自己的遭遇，她从未抱怨什么，也从不会去想：为什么这样不公平的事会落到自己头上？她总说："既然已经这样了，何必再对过去的事耿耿于怀呢？再怎么说，他也是孩子的爸爸，能一起生活几年，也算是缘分，现在缘分尽了，就让他走吧。"

落井下石的事，从来都不少见。苏梅也遇到了。有人说，她和丈夫的婚姻之所以破裂，不是对方的错，而是苏梅的问题，说她早就朝秦暮楚，心里有了别人。这件事传得风风雨雨，对于一个刚离婚的女人来说，可想而知心理压力有多大。

得知此事，好友去看望遭人诬陷的苏梅，吃饭时，苏梅接了一个电话，好友听出来是有人想要告诉苏梅诬陷她的人是谁。谁知，苏梅却笑着说："你千万别告诉我，我不想知道。"好友很诧异，问道："你为什么不让他说呢？看看到底是谁在制造祸端，我跟你一起找他问个清楚。"苏梅解释说："知道了又怎么样？有些事不需要知道，需要忘记。"说完，她继续跟朋友开怀畅谈自己开店的事，完全把被诬陷的事抛诸脑后。

如此的豁达大度，让好友不禁对苏梅又多了一份敬意，她由衷地感叹道："你真是一个特别的女人啊！看你活得这么敞亮，我之前的担心真是多虑了。"

苏梅拍了拍朋友的肩膀，说："我知道你关心我，不过我觉得，你们想得太多了，其实事情该是什么样就是什么样，解释不解释都一样，更何况你不把它装心里，不把它当回事，它就不会影响你的生活，影响你的心情。记得别人的好，忘了对别人的怨，这样活着不好吗？"

人生是一次长途跋涉，不停地行走，看到各种各样美丽的风景，经历许许多多的沟壑坎坷，如果把走过去看过去的都牢记心上，就会给心灵增加很多额外的负担。阅历越丰富，压力就越大，还不如一路走来一路忘，轻装愉快地前行。

当心灵被负担和仇恨填满时，夜里做梦都会想着如何报复，一辈子也得不到安宁。其实，你内心仇恨着别人，别人并不知道，也许唯有在你们见面时，相对冷言冷语才能让他感到不舒服，更多的时候，你只是在折磨自己。与其如此，何不遗忘他曾经的过失与错误呢？

可能你会说，忘记很难。确实，将一件困扰心灵已久的事，从心里突然间抹去，有点不太现实，但如果不尝试，就永远不可能从里面抽身而出。在生活中，如果有一些不美好的经历和事情正在侵扰着你，不妨这样做：

◎有意识地让自己忘记

当"问题记忆"一再重复的时候，就会像乌云一般遮住明朗的心灵。所以，要学会有意识地不让自己去想它，忘记它的存在，告诉自己"一直想没有任何益处"，依靠着理智和毅力，克制自己的行为。

慢慢地，你就会养成习惯，不再特别关注这件事了。

◎ **转移自己的注意力**

遇到倒霉的事、烦心的事、憋屈的事，许多人心里一肚子火，恨不得一下子全都爆发出来。还有些人，遇到这样的事之后，表面上风平浪静，可心里却翻江倒海，怎么都释怀不了。对于这样的问题，不妨换个角度想想，多思量对方的好处，或者给对方找一个善意的借口。

◎ **清理内心的垃圾**

美丽的心灵就像一个筛子，遗漏掉的全是残渣，留下的全是美好。女人要经常对心里储存的东西进行清理，把该保留的留下来，把不该保留的抛弃。那些给你带来不愉快感受的事情，真的没必要过了若干年还去回味。筛掉不美好，人会过得更快乐、更洒脱。

带着焦虑去大自然里走一走

　　焦虑的困扰，就像是一场没完没了的发烧，折磨得人夜不能眠、日不能安。当对现实的处境感到迷惘的时候，带着焦虑出去走一走，会是一个不错的选择。

　　30岁的生日，露莎跟自己的"女人帮"一起分享。当大家举杯为她庆祝时，她却调侃着说："岁月真是一把杀猪刀，宰割了我美好的青春。今天，就为这个'刽子手'干杯！"

　　露莎有着幸福女人该拥有的一切：稳定的事业，顾家的丈夫，三套坐落于市中心的房子。多少人梦寐以求的东西，她似乎毫不费力就得到了。表面上看起来，她很幸福，就算跟人说自己过得不好，也总会被一句话顶回来——"你要过得不好，那我们就别活了。"

　　没有人知道，露莎说的其实是实话。她拥有得不少，可实际上她根本不知道自己真正要的是什么。她的心，一直紧紧绷绷的，塞满了许多人和事，却没有容纳自己的地方。她跟闺蜜坦言："我从16岁时就开始谈恋爱了，这算是早恋了吧？自那以后，我的生活就在'分手'和'恋爱'中跳动，我从来没为自己活过，也从没有跟自己独处过。"

年轻时，她以为自己要的，不过是一个体贴的丈夫，和一个可爱的孩子。可是，结婚后的她却发现，自己既不想要丈夫，也不想要孩子。尽管丈夫对她很好，可她的心总是像被什么东西拴住了一样，动弹不得。人是自由身，心却置于牢笼。这种纠结，让她每天生活在焦虑、恐惧和迷惘里，除了累还是累。

某天清晨，露莎出门时忽然下起了大雨。被大雨淋透了的她，突然忍不住大哭起来。她没有去公司，而是窝在家里躺了一整天。她脑海里突然想起一句话："一辈子总该有那么一回，无所畏惧地背起行囊去独自旅行。"

为了给自己时间和空间想清楚，露莎给上司发了一封E-mail，这是她的辞职信。她收拾好行囊，给丈夫打了一个电话，说自己想出去散散心。这一走，就是两个月。

她没有到其他的大城市，而是选择了偏僻的乡村。在那里，没有城市里的车水马龙，没有匆匆忙忙的步伐，一切都是那么自然、那么淳朴。她租了一间别致的小院，享受着纯天然的农家饭，偶尔骑车到附近的海边散心，或是跟着渔民们一起打渔。晚上在房间里，她听着喜欢的音乐、看着自己喜欢的书，感觉到了灵魂的重生。

她用两个月的时间，走进自己的精神世界，洗涤了她那颗混乱的心。她突然发现，自己从来没有认真地享受过孤独这份绝美的心境。这一次，在一个人独行的日子里，她真正地和自己的心进行了一次沟通，找回了安宁的灵魂。

旅途结束时，她突然想起了丈夫，想起自己的家。她开始萌生一种想念的思绪，也终于明白，自己不是不爱，只是从前靠得太近，忘了给自己的心留一片缓冲的空白。

旅行最重要的意义，就是达到自我成长的目的，学会独处。独自一人走在路上，看陌生的风景、遇陌生的人，那种充实与满足感，是一种特别的人生体验。它并非是一场简单的行走，而是在行走中寻求精神世界的富足，借助一个人的时光来感悟生活、感悟生命。找到了自己的精神世界，就不用再借助外界的一切来填补心灵的空虚。

常常有人会说："生活在远方，旅行是为了找到快乐。可是，旅行归来之后，一切并未改变，反而觉得更累。"其实，这是一个很大的误区。心灵上的束缚和压抑，不是换一个地方就可以改变的，你若不能在旅途中寻回自己的心，那么走得再远也是徒劳。苏岑说过一句话："走遍了全世界，也不过是想找一条走向内心的路。"想借助旅行缓解身心的疲惫，就要明白旅行的真正意义，以及带着怎样的心态去旅行。

旅行与现实不是对立关系，旅行不意味着一定要辞职，要去很远的地方。旅行的形式有很多种，亲近大自然、到安静的地方走一走、感受不一样的风土人情，这些都是旅行的一部分。千万不要冲动地辞职，只为给旅行找一段时间，如果你没有经过深思熟虑就做出类似的决定，那么你的旅行就算不上旅行，只能说是一种"逃避"。一切感受源自内心，就算你逃得再远，也逃不过自己的心。

旅行不是简单地游山玩水，也不是向人显露自己的阅历，而是要用心去体验的独特情怀。旅行中看到的一切，是为了让我们回望自己，让我们在归来后有更加认真、更加积极的生活态度。旅行，不仅仅用腿，更要用心。

在旅途中不要去想那些烦恼的人和事，不要向外去求解脱，享受暂时的舒解和欢畅，回来再做一个"新人"。如此，踏足的地方多了，漂泊的经验丰富了，那些风景与民族的色彩，会在你心中淡淡散去，而留下的是一个性格活泼、思想开阔、胸怀世界的成熟面貌。每一次旅行回来，都会感觉自己的心灵，被洗涤得清清爽爽。

Chapter6
遇见不再慌张的自己

用学习填充自己，对抗变化的世界

"世界变化太快了，有很长一段时间，我觉得自己心力不足，追赶不上它的脚步。那时候，我慌乱、焦急、烦躁不安，不知道该怎么办？那感觉，就好像被世界抛弃了，心里非常失落。后来我知道，是我对生活失去了信心，对自己失去了信心。

"身处一个浮躁的大环境，没有一颗强大的内心，肯定无法安心地活着。于是，我开始像年轻人一样，坚持每天学习，为心灵充电加油。慢慢地，我看到了自己的进步，而我也在进步中体会到了充实的滋味，逐渐找回了对生活的信心。"

这不是什么演讲稿，而是梅丽尔的真实生活体验。她只是一位普通的老人，但是一家有名的报刊却用整个版面刊登了对她的专访。多年来，她一直坚持学习。白天，她在一家百货公司打工，是一名普普通通的售货员；晚上，她的身份又变成了学生，和很多年轻人一起走进夜校。她用四年的时间，完成了高中教育的全部课程，之后又开始攻读大学课程。

很多人不理解梅丽尔的行为：都这么大岁数了，不好好享受晚年，还折腾什么？梅丽尔却说，她在学习中获得了前所未有的快乐。年轻时，因为家庭的关系，也因为自己的无知，她错过了学习的好机会。而现在，她最大的理想就是坚持学习，把自己的学历提升到高中，之后是大学，最后成为一名律师。

"现在，我的理想已经完成了一半。按照我的进度推算，大学课程可能要花费五年或者更长的时间。没关系，我很有耐心，也很享受学习的过程。每次考过一门课程，我都觉得距离理想又靠近了一步，心中的快乐也多了一分。现在的我，感觉年轻了许多。"

对任何人而言，在任何年龄段，学习都是充盈内心、减少焦虑的最佳途径之一，它能让人体会到思想逐渐变得深厚的喜悦，看到生命的成长和潜能。

要把学习当成一种习惯。一个人一天的行为中大约有5%是属于非习惯的，剩下的95%都是习惯性的。不管你打算学习什么，都要试着把这个学习计划变成自己的习惯。

我们最熟悉的莫过于21天习惯法，但这个周期只是大概的情况，不同的人和习惯也会有所变化，周期从几天到几个月不等。但不管周期是多久，总会历经三个阶段：刻意、不自然——刻意、自然——不经意、自然。完成了这一过程，就能养成新的习惯。

把学习当成第一要事。每天早起10分钟或半个小时，用来完成学习计划。尽量把学习计划放在第一要做的事情上。有时，你可能会发现自己很忙，没法拿出整块的时间来学习，这时不妨把零散的时间利用起来。比如，上下班坐车的时间，你完全可以默记几个单词，完全可以听有声读物，完成读书计划。

学习不因年龄而受限。心里一直很想做的事、想学的东西，不要因为年龄和身份的关系就放弃，学习是一生的事，不管是少年、青年、中年还是老年。蜡烛的亮光虽然微弱，但同没有烛光在昏暗中愚昧地行动相比较，哪一个更好一些呢？

如果你意识到了这一点，那就赶紧行动起来。学习，什么时候开始都不晚。人的一生能够始终保持学习的冲劲，保持学习的欲望，其实是一件很幸福的事情，在充实生命的同时，也可以对抗变化的世界，让自己保持一份安然从容。

越空想越焦虑，行动才能减少自责

什么样的人更容易陷入焦虑和悔恨中？不是那些没心没肺的人，也不是那些终日忙于目标的人，而是脑子里有无数新颖合理的想法和各种各样的计划，最终却都没有付诸行动，把理想变成现实的人。

F小姐的减肥决心，下了不知道多少次。每一次都宣称是真的要减肥了，要坚持下去。可看到美食的那一刻，她就忘了宣言；身体犯懒的时候，就索性不去运动。待吃下去一堆高热量的东西，又没有将其消耗掉之后，不禁又落入一种焦虑和自责中，觉得自己太不自律。接下来，她又会给自己定下减肥的目标，周而复始。这样的循环，持续了七八年，她的体重和身材没有发生任何的改变，即便是短期内瘦下去了，很快又会反弹回来。

不只是减肥一件事，F小姐经常做各种各样的计划，比如：打算每天看几页有意义的书籍来充实头脑，做一个内外兼修的人；决意随时保持家里的干净整洁，改掉邋遢的恶习。计划做得都很好，可惜的是，没有一件事秉承了坚持到底的原则。

F小姐意识到了自己身上的各种问题，也希望以全新的方式去生活，成为更好的自己。有这样的初衷固然欣慰，但也因为对自己还有要求，结果没能够做到，导致她总是活在一种拧巴的状态里。有的时候，对镜独照，看着自己"吃出来"的臃肿，她满心都是自责；看到周围的人不断充电，追求更高的目标，她也懊恼不已。

F身上有很多人的影子，有着许多的目标，长远的或是一步之遥的，可很少采取积极的行动，抑或者都是三分钟热度，总是用"明天再去执行"安慰自己、放纵自己，结果变成了一个焦虑的空想家。

玛利亚·埃奇沃丝说过："当想法还新鲜的时候，如果不立即去执行，那么，明天你也不可能将其付诸实践：它们可能会在你的庸庸碌碌中逐渐淡去、消失殆尽，可能会深陷或迷失在好逸恶劳的泥沼中。"

从空想家变成实干家，对任何人来说都不可能是舒服的，它必然伴随着一定的痛苦，甚至比之前的焦虑感更强烈。但是，这种焦虑只是暂时的，当你真的跨出了这一步，很快就会迎来一种全新的状态和感受。

焦虑的人往往太急功近利，总想着一蹴而就。事实上，能够让人变好的目标都不是轻易就能实现的，一定不要急。你可以从最小的坏习惯开始改变，从最简单的事情着手。小的改变虽然不足以影响全局，却能给人带来莫大的鼓励。况且，任何成功都是积累而成的。

你可以要求自己，每天保证完成一件事。这很容易实现，只要坚持下来，就能让新的习惯更加稳固。与此同时，你也要答应自己，每天拒绝一件事。对于自己痛恨的那些恶习，不要希冀着一天就把它们全部消灭，这会给你带来压力，让你陷入慌乱和愧疚中。试着一天只改变其中的一个坏习惯，约束自己不去做其中的某一件事，你会轻松很多。

最后还要说，有了想法和决定，就要立刻行动。如果想法太多，那就选择其中之一，只要它是发自内心的。事实上，想法相互矛盾是很正常的事，但只要它来自自己的意愿，就该立刻去做。再不起眼的行动，也比坐在椅子上漫无目的地空想能体现价值。当你把精力都放到实实在在的行动中时，你的焦虑感自然会减少，因为你看到了自己已经走在变好的路上。

人生无定局，过去的你 ≠ 未来的你

也许，从小到大你一直藏在别人的光环之下，从未在人群中亮出你的色彩；也许，你的出身很卑微，这让你不敢去追求你喜欢的和想要的生活，总觉得自己不配；也许，你曾遭遇过失败，那份彻骨的失落剥夺了你所有的勇气……你就这样一天天地过着日子，然而内心深处却遗留着强烈的不甘，无奈现实的处境和理想之间隔着长长的距离。无数个夜晚，你都在焦虑地追问自己：我的人生，难道真的就这样了？

这是很多人内心都有的困惑，然而，我们所担忧、顾虑、畏惧的这一切，真的能够决定我们的人生吗？看过下面这个真实的故事，你可能会找到答案。

新泽西州市郊有一座古老的小镇，镇上一所学校的教学楼里，有一个特殊的班级，里面的26个学生都有过不光彩的历史，他们中间有人曾吸毒、进过教管所，还有一个女孩在一年里堕过三次胎。家长们对这些叛逆的孩子毫无办法，老师和学校几乎对他们也失去了信心。

新学期开始的时候，一个叫菲娜的女老师担任了这个班的辅导老师。开头的第一天，菲娜没有像以前的那些老师一样，训斥班里的孩子，或是用命令式的语气告诉他们该怎么做。她给孩子们提出了一个奇怪的问题：

现在有三个候选人，分别是——

1.迷信巫医，嗜酒如命，有多年的吸烟史，有两个情妇。

2.曾经两次被人从办公室里赶出来，每天要到吃午饭的时候才起床，每天晚上喝掉将近一公斤的白兰地，曾经吸食过鸦片。

3.获得过国家授予的"战斗英雄"的称号，有艺术天赋，平时喜欢吃素，偶尔喝一点酒，青年时代没有做过任何违法的事。

如果我现在告诉你们，这三个人里面有一位会成为名垂青史的伟人，你们认为哪一个最有可能？然后，猜想一下，这三个人未来的命运会如何？

对于谁会成为伟人这个问题，孩子们一致选择了第三个人。至于第二个问题，虽然答案不尽相同，但对于前两者而言，结局归纳起来无非是：成为令人唾弃的罪犯，或是无法自食其力的寄生虫。至于第三个人，他道德高尚，定能有一番作为。

菲娜耐心地听完孩子们的说法，然后给出了自己的答案——这是一个让所有孩子都感到意外的答案。

"你们的结论，符合一般的判断，可惜，你们都错了！这三个人大家都不陌生。那个迷信巫医的人，是富兰克林·罗斯福，曾连任四届美国总统。那个喜欢睡懒觉、嗜酒如命的人，是温斯顿·丘吉尔，是拯救了英国的著名首相。至于那个你们认为道德高尚会有一番作为的人，他的名字你们也很熟悉，他是阿道夫·希特勒……"

这个结果，听得孩子们目瞪口呆，他们简直不敢相信自己的耳朵。菲娜继续说："每个人的身份和生活状态都不是固定的，现在的你如此，将来的你未必也是如此。你们的人生才刚刚迈出第一步，过去的错误和耻辱只代表过去，真正代表人一生的，是他的现在以及将来的所作所为。这个世上没有完人，伟人也一样会犯错。昨天的阴影就留给昨天吧，从现在起，你们重新开始，努力做该做的事，未来的某一天，你们也会成为受人敬仰的人。"

菲娜的这番话，彻底改变了26个孩子一生的命运。多年过去了，那些孩子都已经长大成人，有的做了心理医生，有的做了法官，有的当了飞行员，而当年那个最不被人看好的、调皮捣烂的罗伯森·哈里森，成了华尔街最年轻的基金经理。

提及那一堂课，他们中的许多人都说："本以为自己无药可救了，几乎所有人都这样看我们，可那一个故事让我们知道，所有发生的那一切，都只代表过去。"

放下你的怀疑和焦虑吧！没有人能够预见到未来，因为人生从来都没有定局。从出生、成长、成熟到死亡，没有谁的思维方式和行为模式是一成不变的。如果说有什么东西贯穿始终，那就是每个人的心理力量。这个力量影响着我们，也给每一个想要掌控生活的人提供平等的机会。如果你以过去的经历、卑微的出身、昨日的失败来判定明天也是灰暗的，那说明你的心理力量已经是负值了，焦虑和沮丧也就成了必然。

往后的日子里，当你意识到自己又在用僵化的思维衡量自己时，请在心里默念曼德拉的这句忠告："我们最深切的恐惧并不是来自我们的胆怯，我们最深切的恐惧是我们无法衡量自身的强大。我们常问自己，谁具有才华、天赋，并能创造神话，而谁不能？其实，我们与生俱来就拥有上帝般的才华。"你不给自己设限，人生就没有能限制你的藩篱。

多仰望自己的好，跳出自卑的深坑

"其实上帝吝啬得很，他给予每一个人的东西都是有限的。我有天赋的好嗓子，但我却不是很会说话，我的任性、爱发脾气，其实也与我的不会说话有关。我是一个地地道道的俗人，我自信又自卑，矛盾得要命。很多人只看到了我自信成功的一面、辉煌的一面，不知道我也有自卑的时候，也有过失落的岁月。"

这番话引发了不少人的共鸣，可很少有人知道，它出自一位名人之口。其实，每个人的内心或多或少都会存在一种叫做自卑的情绪，它就像藏在心底的一座深坑，别人从外表难以看出，唯有自己最清楚它的深浅。

相传，这是上帝和人类玩的一个"捉迷藏"游戏。上帝想把一种叫"自卑"的东西放在人身上，便和天使们商量，放在哪里最隐蔽。有的提议藏在眼里，有的提议藏在牙缝里，还有的想到藏在腋窝里。最后，一个聪明的天使提议，那些地方人很容易找到，他们马上就会把自卑还给上帝，唯有把自卑藏在人心里最安全，因为那是他们最后才能想到的地方。于是，上帝就把"自卑"藏在了人心里。

自卑藏在心里，会吞噬灵魂。人一旦发现了它的存在，并陷入这个深坑之中，就会陷入不能自拔的痛苦境地，沦为自卑的奴隶。当然，自卑之所以会出现，也是有"条件"的。

一位高傲的武士来拜访禅宗大师，他本身颇具威名，可看到大师俊朗的外表和优雅的举止，突然变得自卑起来。他想不明白这是为什么？过去，即便是面对死亡，他也没有感到过恐惧，可刚一跨进大师的院子，他就有些惊恐了。大师告诉他，等这里所有的人都走了之后，他会告诉武士答案。

来拜访大师的人络绎不绝，武士等得心急火燎，直到晚上房间才空寂起来。他急着向大师寻找答案。那个一个满月的夜晚，月光皎洁，大师指着窗外说："看看那些树，这棵树高入云端，可它旁边的这棵还不如它的一半高，它们在我窗外已经很多年了，从来没发生过什么问题。这棵小树也从来没对大树说：'我在你面前感到自卑。'因为它们不会比较。现在，你明白了吗？"

这个故事的寓意告诉我们：自卑产生的"条件"之一就是比较，它让人与人之间的差距暴露，较差的一方就会产生瞧不起自己的消极心理，自卑便会肆意横行。

生活中有很多这样的事，与才华横溢的人共事，突然感到自己才学疏浅；看到仪态大方的美丽女子，突然感觉自己身材气质远不如人。其实，这就是"比较"导致的结果，欣赏别人本无可厚非，但在无形之中却贬低了自己。

可以说，自卑就是自己看不起自己，有时候是因为本身的某些缺陷和短处，有时候是因为不能正视自己、容纳自己，自惭形秽，才把自己沦为自卑的奴隶。如果是真的有什么不足，根本用不着自卑，别忘了"勤能补拙"，勤奋点，努力点，完全可以缩小自己和别人的差距，甚至超过别人。要说最糟糕的，还是莫过于对自己没有信心。一个女人若是一味地低着头，永远都看不到阳光。要跳出自卑的深坑，就必须有"抬起头"的勇气。

罗斯福夫人艾莉洛出身名门，母亲、婶婶都是社交界的名媛，与她们相比，她一直觉得自己一无是处，每天都被自卑感笼罩着。直到在一次圣诞舞会上，一位年轻人主动上前邀请她跳舞，她才稍稍找到一些平衡。自那次邀请后，许多年轻人都来邀她共舞，他们都见证了她的"美"。而第一次邀她跳舞的年轻人，就是美国政坛知名人物富兰克林·狄·罗斯福。

很简单的道理，艾莉洛的自卑和自信，就在一念之差。她的模样没变，装扮没变，只不过因为一次邀请而让心里焕发出了一丝自信，是这份自信照亮了她本身的美。

艾莉洛可以做到的，你也可以。试着把目光放在自己的长处上，多"仰望"下自己的优势，巩固和增强自信，就能够跳出自卑这个吞噬心灵的深坑。

告别羞怯的煎熬，不要"红脸庞"

有一本名为《怕羞谈》的书，是美国泰姆巴杜教授的著作，一时间很是畅销。

曾经有人问过他："有多少美国人认为自己怕羞？"他说："六年来，我们对数以万计的对象进行了心理调查，结果显示，有40%的美国人都承认自己有怕羞的弱点。更令人吃惊的是，就连前总统卡特和卡特夫人、英国的查理王子等名人，他们在公共场合看上去好像并不显得怕羞，可实际上他们也抱怨自己隐约遭受着害羞心理的煎熬。"

不难理解，每个人在进入不熟悉的环境，和不熟悉的人或重要的人交往时，都会感觉紧张，反射性地出现心跳加快、脸红的状况。这是很正常的情形，随着时间的推移，或是对环境适应能力的提升，这种情形就会慢慢减少或消失。然而，还有一些女人并非如此，她们似乎形成了一种"心理障碍"，在生活中饱受羞怯的烦恼和煎熬。

有些女人本身喜欢安静的环境，或是长期生活在拘束、隔离的环境中，很少与人接触，对外界的刺激感受性高而耐受性低，说话通常也是低声细语，顾虑重重，胆小怕事，说话做事总是思前想后，见人就脸红，即便做好了准备去应对，也难以消除羞怯感。

一次演讲比赛上，一个女孩赛前做足了准备，能把演讲稿倒背如流，上台前还反复演练了好多次，把该出现的问题都想到了，确保万无一失的情况下，她上台了。可是，站在台上，看见台下黑压压的人群都在直视着她，还有评委那犀利的眼神，她顿时感觉压力很大。

她开始心慌焦虑，感觉透不过气，脸上火辣辣的，故作镇定地念了几句，就不记得后面的内容了，她还听到自己的声音颤抖了。她想努力让自己平静下来，可越是心急，越是什么都想不起来。最后，干脆红着脸跑了下去。

有些女性原本不是很怕羞，性格也挺好，但因为过去有一些不愉快的经历，给生活留下了阴影，因此变得羞怯怕事，担心类似的情况再出现。比如，上面出现的这种情况，如果不是因为本身害羞，而是因为意外情况而表演失误，给当事人心里留下阴影，那么日后他很可能就会回避这种事情。

也有一些女性的焦虑来自于怕被别人否定，非常在意别人的评价，怕自己的言行被别人耻笑，过分追求一种自我安全感。与别人相处时，她们总是过分关注自我，一会儿想"我的手放的位置对不对""我站的姿势好不好看""我刚刚说的那句话是不是合适"等等，越想越不自在，越想给人留下一个好印象，言行越是不自然。如此循环下去，就造成了胆小怕羞、说话面红耳赤的结果。

严重的羞怯心理，就像一个牢笼，让人感到懦弱、不安、不快，甚至觉得自己很愚蠢，像一只被观赏玩弄的动物。在这种情况下，人的潜能便会处于休眠状态。很多时候，我们总觉得在交际中出现过度羞怯和焦虑的情绪时，就是害怕当众表现或是缺乏临场的经验，可事实上这不是所处的环境造成的压力，而是一种害怕自我形象受到某种威胁和损害的消极心态。换句话说，问题出在我们心里。

心理学家认为，内控的人认为自己可以掌控一切，外控的人认为事事受制于人。如果你存在羞怯的心理，不相信它可以克服，也不愿意克服，那么谁也帮不了你，你这辈子都得听它的使唤。**克服羞怯心理的首要问题就是要自信，相信羞怯能够被改变的时候，才可能从真正的意义上改变害羞心理。**这就需要我们平时多进行自我暗示，用自我打气、自我鼓励的方法培养自己的勇气。

除了自信以外，还要有意识地磨炼自我意志。制订了什么计划，就要坚持进行，不管遇到什么情况，都要无条件执行。承担了什么任务，就要做到底，不要遇到点困难就打"退堂鼓"，**很多人之所以羞怯，就是害怕失败，越是害怕越不敢做。**放开胆子去做，如此坚持和深入下去，成功了几次后，就能给自己增强勇气。

平时多跟朋友进行交流沟通，有时朋友的安慰、鼓励都能给我们信心，同时把心里话说出来，也是一种锻炼，这能让你学会如何表达自己的想法和见解。而且，和朋友们相处还能让你远离孤独，找到"融入"的快乐。

当你遇到某些使你胆怯的场景时，别忘了告诉自己："别人比我想象中要喜欢我""我比自己想象中表现得更好""那些所谓的排挤只是我自己幻想出来的而已"。重复这三点已被证实有效的信条，就可以帮助你提升信心，让你不焦虑地面对生活中一个又一个挑战。

别钻牛角尖，拿什么都当回事

职业校对员安妮曾经校对过众多著名刊物，比如北美航空公司的《飞行员手册》、联邦基金会的《行业教育研究报告》等等。出于职业习惯，她在生活中也经常会不自觉地检查单词拼写和标点符号的准确性。即便是听别人讲话，她也在考虑对方的发音是不是准确、停顿是否得当。

一天，安妮到教堂做礼拜，牧师当众朗读一段赞美诗。突然，安妮听到他读错了一个单词，她顿时觉得浑身不舒服，心里有个声音一直在念叨："错了，牧师他读错了。"这时，一只小飞虫从安妮眼前慢慢飞过，她心里又响起一个更清晰的声音："不要盯着小飞虫，忽视了大骆驼。"想到这儿，她刚刚那股子不舒服劲儿竟然减退了不少。对呀，为什么要因为一个小错误而忽视整段赞美诗呢？过了一会儿，小飞虫在安妮眼前稍作停留，而后径直地飞走了。

生活中，很多女人都会和安妮一样，人为地给自己的心造成压力，对别人说的每句话都要细细琢磨，对自己的得失耿耿于怀，对别人的错误更是焦心不安。上司无缘无故的一句批评、邻居指桑骂槐的一句难听话、爱人赌气的冷言冷语、孩子的一句无心之语，都在影响着我们的情绪。可真的冷静下来再回想，多大点儿事呀，还是自己太小心眼了。

法国作家莫鲁瓦曾经说："我们常常为一些应当迅速忘掉的微不足道的小事所干扰而失去理智，我们活在这个世界上只有几十个年头，然而我们却经常为一些无聊的琐事而白白浪费了许多宝贵时光。"

多数时候，烦恼并不是多么大的事情引起的，而是因为太在意、太计较身边的琐事，用狭隘和幼稚的认知方式，把自己的心紧紧地圈住，在痛苦的圈圈里打转。内心的紧张，以及过分在意的态度，既让自己活得焦虑，也让周围的人感到压抑。

著名南极探险家哈伯德发现一种现象：他的伙伴们面对南极探险中危险而艰难的工作，没有丝毫怨言，但其中不少人却整天为了一些鸡毛蒜皮的事计较不停。有几个人就住在同一寝室，彼此间却不说话，他们总怀疑对方把东西乱放，或是占用了自己的地方。还有一位，吃饭的时候非常讲究，细嚼慢咽；而与他同一寝室的另一个人，非要在大厅找到一个别人看不见的位置坐下来，才能吃得下饭。哈伯德说："诸如此类的小事，完全能把最富有训练经验的人逼疯。为了那些毫无价值的事，弄得自己手忙脚乱，心烦意乱。"

百岁老人陈椿曾说过一句精妙的话："**一件事，想通了是天堂，想不通就是地狱。既然活着，就要活好。**"很多事并没有绝对的正确错误之分，一件事能否引来麻烦和烦恼，不在于它本身，而在于我们如何去看待它、处理它。如果一时想不通，换个角度去思考，可能就豁然开朗了，越是紧抓着它不放，瞎琢磨，越会让心里堵得慌。有时，人生真的需要大气点，学会不在意。

所谓不在意，就是别钻牛角尖拿什么都当回事，那些微不足道鸡毛蒜皮的小事，别揣在心里不肯放下，或者着急上火。对于别人说的话，不要太敏感多疑，你越是在意就越会瞎想，从而把事实夸大，制造假想敌，让心里不舒服。即使真的在面对一些负面信息的时候，也要努力告诉自己，没什么大不了的，一点小事而已，要学会"不屑一顾"。

如果实在想不通，那就不妨暂时把它搁置，找个朋友一起聊聊天，出去逛一逛，做点自己喜欢的事，等你再回头过来看当时令你烦恼的事时，说不定你就会笑自己小心眼了。学会了不在意，学会了放得下，心就不再焦虑了。这不仅仅是给自己设一道心理保护防线，也是让自己保持轻松心态的巧妙方法，更是一种人格上的修养和生活智慧。

扔掉水仙花情结：批评不是灾难

法国行为心理医师克里斯托夫·安德列曾经指出——

当一个人过于敏感的时候，往往会出现这样的情况：对于周围的环境，尤其是那些不利于自己获得认同，或是容易让别人对自己产生怀疑的因素非常在意；对于周围的信息，哪怕是中性的信息做出不利于自己的判断，比如总觉得别人窃窃私语是在说自己；对于环境难以做出适当的反应，容易生闷气或是攻击别人。他们有胆怯的一面，也有"水仙花的性格"，总觉得自己比别人优越，应该受到更好的对待。

另一位心理分析医师比埃尔文特也表示：当水仙花情结和自身形象成为一体的时候，一旦受到不公平对待，便会觉得自己的存在没有意义。这种人最为关注的内容就是"责备语言"，越是有无意之间被触到痛处，越会招致强烈的反应。

每个女人都有过因为别人的批评而焦虑痛苦的时候，一个人对批评之所以会如此抗拒，实际上是内心的过分敏感在作祟。对于这样的人而言，任何批评都会是一场灾难。

Mimo就是一个敏感至极的人，这一点让她在工作上吃了不少"苦头"。

Mimo在一家杂志社做编辑，她勤恳踏实，业绩也不错。后来，主编为了提拔她，便在工作中给她增大了难度，要她自己开发选题、做采编等等。难度大了，问题肯定也就多了，出错的概率也会大一些。

作为负责人的主编，发现下属的错误自然有义务要提出来，但Mimo却经受不住了。她听见主编说自己近来做的选题和文章有点太单一，少了些许新意，心情便一落千丈。她认为主编把难题给了自己，在时间那么紧张的情况下还挑三拣四，分明就是"针对"自己。虽然话没说出来，可她心里却很难受。

接下来的那段时间，但凡主编说句稍微带点批评和提醒的话，如"最近是忙了点，大家要坚持一下，工作时不能懒懒散散的"，她都觉得是在暗指自己；就连表扬同事某个项目做得好，她听了也难受，倒不是嫉妒，而是觉得主编的潜台词是指责自己做得不好。

每天心里背着这么一个大包袱，Mimo的工作做得越来越没意思，出的错也越来越多，她都不知道自己该不该继续做下去？继续做吧，心里很纠结，总觉得别人处处针对自己，不认可自己；辞职吧，心里不服气，总觉得这就等于承认自己能力不行。

　　不知道生活中有多少女人和Mimo一样，一句出于好意的批评，就能把她们心中所有的正能量击垮。如此一来，还能做成什么事呢？对于批评这件事，用不着太敏感，因为它太平常了。别说普通人，就连很多卓越的名人也曾被批评过，甚至被骂过。

　　乔治·华盛顿，美国的国父，曾经被人骂作是"大骗子""伪君子"；格兰特将军带领北军赢得第一场决定性胜利，成为美国人民的偶像之后，却遭人嫉妒、逮捕、羞辱，最终被夺去兵权。他们没有觉得被这些批评和辱骂击垮，反而乐观地过自己的生活，做自己的事业，终有所成。

　　曾经担任美国华尔街40号美国国籍公司总裁的马歇尔·布拉肯先生回忆自己受到批评的经历时说："早年，我对别人的批评非常敏感，那时我想让公司的每个人都觉得我十分完美，如果他们有一个人不这样认为的话，我就会感到忧虑，甚至会想办法取悦他。可是，我讨好他的结果，又会让另一个人生气。最后我发现，我越是想去讨好别人，越会让我的敌人增加。后来我干脆告诉自己，只要你超群出众，你就一定会受到批评，所以还是趁早习惯为好。从那以后，我就决定只是尽自己最大的努力去做，把我那把破伞一样的抱怨收起来，让批评我的雨水从身上流下去，而不是滴在我脖子里。"

　　伯特勒将军年轻时也和马歇尔·布拉肯一样，希望别人都对自己有好印象，一点小小的批评都让他难受。每次面对责骂和羞辱，他心里都难受极了，甚至想要发怒，可当他冷静下来的时候才发现，自己的抱怨、发牢骚都不能阻止别人说难听的话。他开始怀疑这一切是自己的问题。后来，他抱着一种试试看的心理去审视自己，结果发现问题还真存在。那怎么办？伯特勒决定还是改掉吧！自那以后，就算听见别人说自己，他都不会去理会，而是想想自己是不是真的错了。

受批评是很正常的事，不管你是谁，你的身份地位如何，当面的、背后的批评都免不了；受批评时不必太敏感，越是抗拒，它越是如影随形，避免所有批评的唯一方法就是，只管做你认为对的事。因为批评总会存在，不必根据别人的价值观和信念来过自己的一生。

当你能够坦然接受"批评的存在"这件事之后，就要冷静地去分析批评了。如果别人说得没错，那就可以参考；如果是无稽之谈，那就不必为之不安。总之，要从积极的方面看批评，适当听取别人的意见，有则改之无则加勉。

Chapter7
跳出完美主义的漩涡

认清现实，完美只是一种理想

　　世间找不到绝对完美的艺术品，更找不到绝对完美的人。如果认不清这个道理，过分地追求完美，就如同把梦幻带到现实，最终只会让自己沮丧和焦虑。

　　有一位伟大的雕刻家，才华出众，技艺非凡，但凡出自他之手的雕像，几乎都令人难以区分哪个是真人、哪个是雕像。然而有一天，占卜先生却告诉雕刻家，他大限将至。雕刻家听闻过后，难过不已，他跟天底下大多数人一样，内心无比地惧怕死亡。他苦思冥想，希望能有一个万全之策帮他避免死亡。最后，他做了十一个自己的雕像，当死神降临的时候，他藏在那十一个雕像之间，屏住了呼吸。

　　死神无法相信自己的眼睛，他从未见过这样的事，也从未听说过上帝会创造出两个完全一样的人。上帝从来都不相信任何惯例，他的创造永远都是唯一的。可眼前的情景该怎么解释？十二个一模一样的人又是怎么回事？该带走哪一个呢？

带着困惑，死神来到上帝面前。他问上帝："为什么会有十二个完全一样的人？你到底做了什么？我该如何选择？"

上帝微笑着把死神叫到身旁，在他耳边轻声地说了一个方法，可以在鱼目混珠的圈套里找出真相的方法。他告诉死神一个秘密暗号，据说只要在艺术家藏身于雕像的那个房间里，说出这个暗号，真相就会水落石出。

死神对此半信半疑，但眼下没有更好的方法，他只能一试。进入十二座雕像所在的房间后，他向四周看了看，然后说出"暗号"："先生，一切都非常的完美，只有一件小事例外。你做得非常好，只可惜，还是让我看到了一个小小的瑕疵。"

雕刻家完全忘记了自己躲起来的事，跳出来问："什么瑕疵？"

死神笑着说："还是让我发现你了吧？这就是瑕疵——你无法忘记你自己。天堂里都没有完美的东西，更何况人间呢？别废话了，跟我走吧！"

是啊，天堂里都没有完美的东西，更何况人间呢？我们能够做的，就是勇敢地接受不完美的现实，乃至残酷的现实，不逃避、不抱怨、不懊恼，用一颗平静的心看待生活带给我们的所有。没有瑕疵的事物是不存在的，盲目地追求一个虚幻的境界，只会徒劳无功，错过更多。

还记得那个故事吗？渔夫从大海里捞到了一颗晶莹剔透的珍珠，喜爱不已。美中不足的是，珍珠上面有个小黑点，渔夫心想，若是能把这个小黑点去掉，那岂不是更完美了？可是，渔夫剥掉了一层之后，发现黑点仍然还在，于是他就又剥了一层。就这样，他一层层地剥到最后，黑点终于没有了，可珍珠也不复存在了。

白璧微瑕，美得自然，美得朴实，美得真切。只可惜，渔夫一心想的是美到极致。为了消除那一点瑕疵和不足，他失去了罕见而可贵的珍珠，那朴实无华、不掺虚假的美，也随之殆尽了。完美就是美吗？未必。美的价值往往在于它的完整，而不是丝毫的残缺。有点残缺才能带给人无限的遐想与憧憬，美丽也常常需要这样的遗憾来陪衬。

完美不过是一种理想境界，可以无限接近，却不可能达到。如果非要执着地追求完美，那就是无谓的固执。固执带来的结果很明显，怎么做都达不到完美，内心却还纠结于此，必然会产生抱怨，最后得不偿失。

林霞毕业于名牌大学的MBA专业，现在国内一家某知名企业担任企划部经理，对工作兢兢业业，对公司忠心耿耿。可惜，在这个职位上，她只做了不到一年，就自行离职了。不是公司怀疑她的能力，也不是待遇不好，而是她的完美主义堵死了自己的前途。她事事追寻完美，对自己苛刻至极，每周都要为自己制定一个工作标准，时刻督促和提醒自己。

作为一名管理者，或许下属会佩服和欣赏她自律的态度。但如果用苛求自己的标准来要求下属，恐怕出现问题是迟早的事。然而，她偏偏就这么做了。凡是她交代的任务，只要下属完成后存在一点点瑕疵，她就会要求员工重新改过，甚至会接连几次推翻下属的工作成果。

在下属看来，不管自己怎么努力，都达不到她的要求，每个月的员工考核表上，所有下属中最好的考核成绩都是良好，从来没有优秀两字。跟着这样的上司做事，下属叫苦不迭，压力重重，做起事来缩手缩脚，该干的事也都不愿意干了，因为做得好不好都得挨一顿指责，那还不如不干，至少落得个耳根清净。

起初，部门的氛围变化还不太明显。可半年之后，不仅是公司的上层领导，就连她自己也感觉出了，员工的工作热情大大降低，消极怠工的现象屡见不鲜，他们对待这位经理的态度，也是敬而远之。在年终的部门考核中，他们的绩效在公司是倒数的。如此结局，让追求完美的她实在难以接受。无奈之下，林霞提出了辞职。

醉心于追求"完美"的人，本身就是不完美的。因为"完美"是抽象的，而生活却是具体的。对于任何事情，我们只能追求更好，不可能做到最好，更不能奢求完美至极。太固执了，就会适得其反，徒劳无功。只有在心理上战胜了完美主义，才能感受到苛求以外的乐趣。

有缺憾的人生才是真正的人生

　　人活一世，花开一季，谁都希望这一生了无遗憾，做每一件事都是正确的，平坦顺利地达到自己预期的目的。可惜，这只是一种美好的幻想。

　　当年，日本著名的茶师千利休看着儿子少庵打扫庭院。当儿子干完活时，茶师要求他重做一次。于是，听话的少庵又花了一个小时扫院。而后，他说："父亲，我已经做好了。石阶洗了三次，石灯笼也擦了很多遍。树木洒过了水，苔藓上也闪耀着翠绿。地上也打扫干净了，没有一枝一叶。"

　　听闻此话，茶师不但没有夸奖儿子，反倒训斥了儿子一番："傻瓜，你这是打扫庭院吗？这是洁癖。"说完，他走到院子中，用力摇了摇一棵树，抖落一地金黄色的树叶，告诉儿子："打扫庭院不只是要求清洁，也要求美和自然。"

　　人生或多或少都会有缺憾，苛求绝对完美的心态和做法，不仅违背自然，也往往让我们离完美更远。世上每个人都有自己的缺憾，只有缺憾的人生，才是真正的人生。

法国诗人博纳富瓦说过："生活中无完美，也不需要完美。"

鲜花凋零固然是憾事，但只要曾经努力盛开，那就心安无悔；人生苦短的愁绪纵然令人感叹，但只要热爱生命的激情不减，生命就还是一片艳阳天。

某个小镇上住着一对母女，每天傍晚，女孩都会在街头的广场拉小提琴。人们喜欢她的琴声，它犹如一个温柔低诉的天使，安抚着人们疲倦的心。久而久之，人们都认识并喜欢上了这个女孩，因为她不仅小提琴拉得好，皮肤也很白，精致的五官生在一张白瓷的脸上，那种高贵和美丽，简直让人嫉妒。人们想象着，这个女孩日后一定能走到金碧辉煌的音乐大厅里展示她的才华。

天意弄人。谁也没有想到，一场意外竟然让女孩的脸上留下了一道长长的疤，她不敢再照镜子，也很少抬起头，就连过去最爱的小提琴，也不愿意再碰。从此，街头的广场变得安静了，那个天使一样的美丽女孩也成了人们永久的记忆。

突然有一天，人们又听到了小提琴的声音，只是传出的声音并不美妙。因为，拉琴的人不是那个女孩，而是她的妈妈。妈妈站在女儿曾经拉琴的地方，用她的琴声和不远处的女儿对话。接下来的两个月，每到傍晚，妈妈都会去拉琴。

直到有一天，一个喝醉酒的人在广场耍酒疯，他莫名其妙地朝着女孩的妈妈大叫："你拉的小提琴实在太难听了！请你别再拉了。"母亲平和的脸上第一次有了愤怒的神情，她说："如果你觉得不好听，那么请你把耳朵堵上，我是拉给我女儿听的。"

这时，小女孩走到妈妈跟前，接过她手中的小提琴，坦然地昂起她那张不再美丽的脸，冲着那位醉汉说："我妈妈只为我一个人拉琴，在我眼里，她是世上最完美的小提琴手。"接着，小女孩从容地演奏起她过去演奏了无数遍的曲子。

站在一旁的妈妈流泪了，她激动地对女儿说："孩子，我只是想让你明白，虽然你的脸和妈妈的琴声一样，都不完美，但我们要有勇气把它拿到人前。"

再辉煌的人生，也少不了阴影的存在。生活不可能始终完美，面对它的缺憾，我们唯一能够做的，就是保证它的完整，在缺憾中领略完美。

我们左右不了外界的一切，但我们可以左右自己。当生活出现变故，让原本美好的东西变得不那么美好时，我们只要继续坚强地生活，做好自己该做的事，不枉费青春，不虚度年华，不为过去的种种而懊恼，也不为未知的明天而忧虑，安心接受现在，过好现在，那么不完美的人生也会完美，因为心中无悔。

生活本就不易，别再强迫自己了

看过美剧《生活大爆炸》的朋友，肯定记得里面那位名叫Sheldon的物理学家。他的智商比常人高，可情商却低得可怜，很多与人交往的常识他都不知道，好在他心地善良，所以大家并不讨厌他，反倒觉得他"傻得可爱"。

Sheldon是个追求完美的人，他过着循规蹈矩的生活。比如，每天他都要按照自己设定好的食谱吃饭，周一吃泰国菜，周二吃中国菜，他还要求室友们也这样做。如果哪一天，他常去的那家餐馆换了菜谱，他肯定掉头就走。在他心里，唯有按照自己设定好的方案过完每一天，才算完美。

上天总喜欢捉弄人。有一天，Sheldon发现自己家中被盗了。失窃案发生后，Sheldon心神不宁，连续好几个晚上都睡不着觉，倒不是心疼自己丢了什么东西，而是因为小偷的光顾打破了他心中的完美。他坐在家里左看右看，怎么看都觉得不顺眼，似乎到处都是缺憾。

为了消除这种不好的感觉，Sheldon请同一所学校里研究天体工程的朋友帮自己在室内布满防御系统，并且加固了房门。按理说，都把家里"保护"成这样了，应该安心了吧？可事实根本不是这样。Sheldon每天还是睡不着觉，在屋子里四处看。有一次，他正在写日记，记录自己不安心的心情，室友不小心撞翻了台灯。Sheldon反应很激烈，连忙到客厅里检查所有的设备是不是良好，没想到却被门口的电网罩住了。还好，他没有受伤，可这件事之后他便决定离开这个不完美的地方，到一个安全系数高的城市里生活。

Sheldon不断地搜寻资料，在地图上排除一个又一个不符合他要求的城市。最后，他选中了一个寒冷的地方。他简单地收拾了一下行李，就上路了。刚到火车站，Sheldon就遇到一个愿意帮他拿行李的"贵人"，单纯的Sheldon连忙道谢称赞，感叹这个城市友好互助的民俗风情，可就在这时，那个帮他提行李的"贵人"竟然拿起他的行李跑了，原来那是一个抢劫犯，可怜的Sheldon只好又回到原来住的地方。他的朋友们正围坐在客厅里，吃着不受他限定的晚餐，看着新买来的电视机，开开心心，笑声不断。

Sheldon是多么典型的完美主义者啊！苛求自己和朋友循规蹈矩地生活，还自认为如此才算完美。可事实上，他所追求的完美在别人眼里没有任何新意，反而是一种束缚。当然，抱着这种态度过活的他，最终什么也没得到，只是白白给自己找麻烦，还失去了更多。

心理学上把Sheldon这样的完美主义，称之为强迫症，即强迫性思维和强迫性动作。这种情形在生活中很常见，只不过被很多人忽略了而已。比如，很多人在邮寄出东西和信件之后，无端地怀疑自己写错了地址、电话；出门之后总担心自己没有锁门，甚至返回去看看。他们的理智认识无法摆脱自己的一些想法、情感和动作，越是想控制它，它越是出现，以至于导致人产生焦虑、抑郁的情绪，严重时就会像Sheldon一样影响正常的工作和休息。

曾经，一位愁容满面的母亲带着女儿走进心理诊所，母亲刚一坐下就说："我的女儿闹得我们不得安宁，她有'洁癖'，老觉得四周弥漫着病毒和细菌，每天都要不停地打扫卫生，洗衣服，洗手，最长的一次，出了一趟门回来，她不吃不睡洗了好几个小时的洗衣服，手都掉了一层皮。如果不让她这样做，她就会烦躁不已，总觉得要洗'干净'了才舒服。不仅如此，她对生活总是安排得'井井有条'，先做什么后做什么，一旦有特殊情况打破了她的规律，她就会情绪爆发，说别人打乱了她的计划，心里很不舒服。"

适度地追求完美，可以说是一种积极向上的生活态度，可一旦过分地要求完美，非完美就郁郁寡欢、焦躁不已，那就属于病态之列了。或许，你自己看来，生活有规律，事事有计划，纵然身心俱疲也值得坚持，可那是因为你身在其中，自我感觉良好。殊不知，你的规矩多多，会让身边的人感到束缚和压抑，他们起初会对你忍让迁就，可时间长了，都会受不了你的条条框框。

过分地奉行完美主义，不可避免地会遭受外界的冲击，当遭受冲击后，仍然一如既往地固守原本的行为方式，这种冲击就会变本加厉。完美本就是一个虚无的东西，你永远不可能让周围的人事都符合你的意愿，假使你觉得自己很完美，自己的生活方式很完美，也只能说你自视过高，当局者迷。这样生活，非但不能拥有更多，反倒会弄得一事无成，一无所有。

生活充满了太多的未知，可这也正是生活的魅力所在。认真想想，如果一切都变成已知的、可以计划的，虽然可以让你循规蹈矩、按部就班地过活，可所有的惊喜、感动也一并消失了。真是那样的话，生活也就不能称之为生活了，充其量就是一种自编自导自演的无聊电影。

关闭焦虑，打开顺其然的模式

曾在某杂志上看到一篇名为《顺其自然才完美》的文章，里面有一段令人感悟至深的话：

"做任何事，我们要尽力而为，但不能责己太苛，责人太过。只要顺其自然，就是最好的结果。金无足赤，不影响它的纯度；太阳有黑子，不影响它的灿烂；伟人有缺点，不影响他的高大形象。因为，所谓的十全十美，只是我们的美好愿望，而有温暖的阳光，有密布的阴云，有轻柔的微风，有明朗的月光，才是人生最真实而美丽的风景。"

生活就是如此，生活就该如此。不管你怎么努力，也总会有做不到位的地方。有时，做得太"完美"了，反而让人觉得很别扭，看一眼就知道是假的。

世界建筑大师格罗培斯设计的迪士尼乐园，如今已经为全世界人所知。据说，当初迪士尼乐园即将对外开放时，各景点间的路该怎样连接迟迟没有合适的方案。格罗培斯很是着急，巴黎的庆典一结束，他就让司机开车带他到地中海海滨。

汽车在法国南部的乡间公路上驰骋着，四围都是当地农民种植的葡萄园。但当他们的车子拐进一个小山谷时，发现那儿停靠着许多车。原来，那是一个无人把守的葡萄园，只要你在路边的箱子里投下法郎，就可以摘一些葡萄上路。相传，这里原是当地一位老太太的葡萄园，她因为年老无法照料，就想出了这个办法。谁知道，在这绵延上百里的葡萄产区，她的葡萄总是最先卖完。这种给人自由、任其选择的做法，让格罗培斯大受启发。

回到住地之后，他连忙和施工部联系，告诉他们撒下草种，提前开放。此后的半年里，草地上被踩出许多小道，有宽有窄，优雅自然。来年，格罗培斯让人按照这些踩出的痕迹铺设了人行道。1971年，在伦敦国际园林建筑艺术研讨会上，迪士尼乐园的路径设计被评为世界最佳设计。

为了设计一个完美的道路布局绞尽脑汁，结果还是徒劳。当一切都放下了，任由它自行发展时，近乎完美的结局却神奇般地出现了。

建筑设计如此，人生亦如此。生命中的许多东西是强求不来的，刻意强求的东西可能这辈子都得不到，反倒是那些不曾期待的灿烂，往往会在我们的淡泊从容中不期而至。这就好比，人们时常想要悟出真理，却被这种执着迷惑、困顿其中，当恢复了直率之心，彻底地顺从自然，道理却随手可得了。很多时候，违背规律去做事，只会举步维艰、四处碰壁，而顺应规律而行，却可以得心应手，一路坦途。

有这样一则寓言故事：一位天性愚钝的樵夫，某日到山上砍柴，遇到了一只从未见过的动物。他出于好奇，走上前去问对方是谁。那动物回答说，它叫"聪明"。樵夫心想，自己现在愚钝，就是缺少"聪明"，干脆把它捉回去算了。

这时，"聪明"开口说话了，它看穿了樵夫的心思，知道他想把自己捉回去。樵夫吓了一跳，没想到此物当真如此"聪明"。接着，樵夫装出一副不在意的样子，想趁"聪明"不注意的时候捉住它。没想到，"聪明"再一次揭穿了他的"计划"。

樵夫很生气，心想：实在太可恶了！为什么它能知道我在想什么？

谁知，这个想法刚一出现，"聪明"又知道了。它说："你是为了没捉到我而生气吧？"

樵夫没说话，他从内心检讨：我心里所想的事，就像照在镜子里一样，都会被它看穿。我还是顺其自然吧，就当没见过它，专心砍柴，省得给自己找烦恼！

想到这里，樵夫抡起斧头，像往常一样砍柴。谁料，这一回斧头居然不小心掉了下来，正好压在"聪明"的头上，"聪明"立刻就被樵夫给捉住了。

故事听起来饶有趣味，却也寓意深刻。命运往往就是这样，你越是挖空心思想得到一件东西，它越是想方设法不让你如愿以偿。如果你硬要执迷不悟，就会掉进填满无尽烦恼的深渊；如果你肯看开，选择顺其自然，命运可能就会给你另外的补偿。

回过头想想，"完美"不就是一个求之不得的东西吗？它本就不存在，任你怎么追寻，生活都不会成全你，既然如此，干嘛还要为难自己呢？顺其自然任它去，不仅是洞悉人生的大智慧，也是善待自己的选择。

我们在这里必须强调一下：顺其自然不是无所求，什么都任它去，也不是自恃清高或者阿Q精神胜利法；而是让我们不强求不属于自己的东西，不奢望得不到的东西。多关注它积极的那一面，把握好一个"度"：不能不在乎结果，但也不能太在意结果；不能不在乎名利，但也不要太追求名利。自己可以做到的、做好的，那就尽力而为，至于那些难以企及、难以控制的，那就随它去吧！

圆满只是一个约定俗成的观念

《锁春记》是由著名女作家张欣的长篇小说改编而成的电视剧，它围绕几种当代不同女性的生活状态，敏锐地抓住她们所面临的重重无奈、压力和困窘，描写了她们背后的痛苦和艰辛，让观众们看到了一个个令人惋惜却又警醒的人生。里面的女主人公之一庄芷言，给人的印象一贯都是平和优雅、自信乐观、有品位，可她最终的结局却是自尽，这让很多人感到意外和惋惜。

片子上映后，不少心理专家纷纷发表自己的观点。对于庄芷言的自杀，很多专家都认为主人公是典型的"微笑型抑郁症"患者。有人评论道："我们生活在阳光下，而她很可能生活在阴影中，她的种种完美表现，都无法排除她是一名微笑型抑郁症患者，她把美好的微笑展示给了别人，而自己始终生活在一种压抑之中。"

走出电视荧屏，看看真实生活中的人，也不乏和庄芷言一样的。

哈佛的莘莘学子，在众人的印象中，他们是一群骄傲的快乐的人，即便有压力，可未来的美好前景也能带来足够的动力去应付。可当我们看到哈佛学生尖叫着裸奔的场景，在感到好笑和震撼的同时，是否也能想到他们内心的压力和负面情绪呢？

或许，他们更像是表面完美依旧，却把划痕隐藏在里层的精美瓷器。还有很多外表光鲜的都市白领，习惯把微笑和荣耀挂在脸上，塑造出一副成功而完美的形象，仿佛是生活在阳光下，令人瞩目，可他们心中的阴影却挥之不去——焦虑，烦恼，竞争，恐惧。

可能你会问：他们为什么会患上"微笑型抑郁症"？

答案可能有很多，但有一点大致是相同的，那就是他们有着完美主义的情结，不能接受生命中的缺憾。即便是辛苦，即便是逞强，也要笑到最后。当没有办法把自己选择的角色继续扮演下去时，他们往往就会做出极端的选择，如庄芷言。

让生命为了一个完美的形象而陨落，让心灵为了一个虚无的影子而压抑，作为旁观者，实觉不值。人生本就是充满缺陷的旅程，无论是人，还是生活，都不可能圆满。如果没有缺陷，就无法衡量完美，换个角度想想，缺憾其实也是一种美。更何况，世界往往因为不圆满才和谐，刻意追求圆满，反而容易被其所累，掉进"圆满的陷阱"。

魔术逃生大师胡汀尼，身怀绝技，不管结构多复杂的锁，到他手里，短短的时间里就能被破解，而且屡试不爽。为此，他自负地说：我能在60分钟内打开任何一把锁。这个伟大的宣言让一个充满智慧的小镇上的居民知道了，他们决定让逃生大师收敛下嚣张的气焰，尝点苦头。

　　小镇的人们铸造了一个非常坚固的铁笼子，配上一把超级大锁，从外表看就觉得复杂无比。逃生大师想都没想就接受了挑战，充满信心地发挥起自己的绝活，用让人眼花缭乱的工作手法向这把大锁发起攻击。时间一分一秒地过去了，30分钟，40分钟，50分钟……胡汀尼始终没有听到自己所希望的、熟悉的、锁簧弹开的啪的那声响。他有点紧张了，可仍旧不死心。60分钟过去了，锁还是没有动静。胡汀尼绝望了，他决定放弃。就在他疲惫地靠在铁栏门上准备休息一下时，却听见吱的一声，铁门竟然被他打开了。

　　原来，铁门根本就没有上锁，那个超级大锁只不过是个骗人的摆设。因为没有锁上，所以也不可能打开，这是必然的。如果不是追求开锁的完美，胡汀尼也不会心无旁骛地执着于开锁而忽视细节，说到底，他就是被"圆满"锁住了心。

　　圆满从来都没有什么标准，只是一种约定俗成的观念。它也是一种道德标准，是人们站在不同的角度对人、对事作出的一种评判。我们期待的圆满，也只是相对而言的圆满。

　　既然不存在绝对的圆满，那又何必去强求呢？苛求完美、苛求圆满，只能给自己徒增心理压力和折磨。换个角度想想，也许错过的根本就不是我们真正需要的，而是无足轻重的；失去的本就没有我们想象得那么好；真实的不完美的自己，也没有我们想象中那么不堪。一切，只不过是我们的执着在刻意地设计圆满、力求完美罢了。

如此说来，把缺憾视为另一种美又会如何？

或许，当我们接纳了自己的"缺憾"，接纳了生活的"缺憾"，前行的脚步也会变得更轻快些。生活不是上天为了原谅而故意设下的陷阱，它也不像拼字游戏，不管你对了多少，错了一个就不合格。生活就像是棒球赛，即便是最好的球队也会输掉三分之一的比赛，最差的球队也会有它辉煌的一天。我们的目的，不求多完美，只求赢多负少便够了。

活着就有价值，无条件地接纳自己

完美主义的人通常很难接受现实中的自己，不允许自己犯错误，不能容忍有缺陷、有遗憾的生活和人生。从某种程度上来说，这是一种自我分裂，饱受自负和自卑的煎熬。美国犯罪小说家派翠西亚·海史密斯在其代表作《天才雷普利》中，就成功地刻画了一个内外相斥的人，他就是主人公雷普利。

雷普利是一个颇具才华的青年，有野心、有抱负、有能力，擅长伪装，会模仿任何人的笔迹和声音。他渴望成功，渴望金钱，渴望权力，渴望地位，只是这些他都不曾拥有，倒是船王的儿子迪奇，过着他想要的生活。

雷普利羡慕迪奇的人生，他不想让任何人知道自己的贫穷和卑微，尤其是他心仪的富家女梅尔蒂。于是，他慢慢地融入了迪奇的生活，并为他的生活形态所迷惑，在无法说服迪奇回国后，欲望让雷普利失去了理智，他杀死了迪奇，并设计圈套从船王手里得到了一大笔钱，以迪奇的身份开始生活。就在雷普利陶醉于自己亲手打造的美梦中时，他因一次意外的巧合露出马脚，引起了警方的怀疑，警方开始对他进行调查。最终，东窗事发，雷普利被投入大狱。

雷普利竭尽所能地去伪装成他人，从心理学上说，他是不敢面对真实的自己，不认同真实的自己。文学作品总有夸张的成分，现实中像雷普利一样自我否定到近乎畸形的人并不多，但和他一样不愿意接受自我的人却不少。

有些女人总认为自己不够优秀，抑或者对自身的某种缺陷耿耿于怀，总觉着自己不如其他人。这种想法无形中成了一把枷锁，让她们处处否定自己，纵然她们的实际能力比她们所想的要强大一万倍，她们也无法淋漓尽致地释放才华。

这种信念本身就是错误的。**只要你活着，就是你存在的价值，价值跟成就没有任何关系。**即便你有缺点和不足，也会有人欣赏你的独特之处，根本不必用一个完美的幻象来替代现实中的自己。更何况，谁都会有缺点和不足，无论是性格上的、能力上的，还是身体上的。**缺点不过是生命中的某一方面，它代表着你，但不代表你的全部。人应当完整地接纳全部的自己，而不是一味地删减自己的缺点。你越是嫌弃它，试图隐藏它、抛弃它，就越会陷入焦虑和恐惧的沼泽，失去实现自我的可能。**

某知名企业的一个女职员，论能力和样貌都算得上佼佼者，唯独手上长着一块极其丑陋的胎记，拇指长得又粗又短。如果单看她的那只手，很难跟她本人联系在一起。正因为此，她总是避免去做一些让别人可能关注到她手的事情。

有一次，公司收到国外客户寄来的一些样品，在跟同事一起把东西往总裁办公室搬的时候，她发现同事的眼睛似乎直勾勾地盯着她的手看。她一下子就慌了，赶紧把手往包裹的下方挪，企图把拇指和胎记掩盖起来。结果，这一慌就出了岔子，东西掉在地上摔坏了。

时隔不久，公司派她向媒体演示新开发的产品，由于中途计算机出了故障，只能找一个人跟她搭档进行演示。这让她很为难，她的手每碰一下鼠标、每敲击一下键盘、每做一个手势，都可能会让身边的搭档看到她手上的缺陷。

她脑子里一直想着这件事，以至于在发布会上根本无法专心地演示，且动作看上去僵硬极了，与这个新产品倡导的"流动的科技"形成了巨大的反差。演示完毕后，台下的人没有感受到新品的新颖之处，而是纳闷为何这么一个有实力的大公司，非要让一个表情僵硬、逻辑混乱、表达不清的人来做演示呢？

有一天，她跟总裁汇报完工作，总裁突然说起她最忌讳的事："你手上的是胎记吧？"

她慌忙地把手往后藏，脸色大变，含糊地嗯了一声。

总裁意味深长地说："我身上好几块呢！这可是每个人独一无二的标志啊！"

听到总裁这样说，她的神情不那么紧张了，头一次敞开心扉：

"这块胎记是我的心病，我一直害怕别人看见和说起。"当她把胎记和短粗的拇指暴露在总裁眼前的时候，总裁笑着说："你没觉着，这块胎记有点像一颗心吗？"接着，总裁又看着她的拇指，告诉她："我们老家有个说法，长着这样拇指的人是富贵命。"

她一直以为，把缺陷摆在他人眼前定会遭到取笑，听到总裁这样说，她才意识到，这不过是她自己的想法罢了。自那以后，她就放开了自己的缺陷，无所谓别人知不知道，毕竟这是无法改变的事实。结果，没有谁嘲笑她，别人对她的态度和从前没什么两样，而她自己的变化却很大。不再纠结于自己的胎记和拇指后，她对工作更专注了，做得也比以前更好了。

也许，你也有过和这位女职员一样的心理感受，或是因为个子矮、身材臃肿、说话结巴，或者是有其他方面的缺陷，总在想为什么自己如此"特殊"？会不会遭到别人的嘲笑？不敢坦坦荡荡地把真实的自己呈现在别人面前，害怕遭到轻视和嘲笑。结果，越是掩盖，越是心慌，活得一点也不从容。

马斯洛对人类最高层次的需要——"自我实现"是这样定义的：人的自我实现就要充分地发挥自己的潜能，不断地成为他能够成为的那个人。请注意，他说的是"能够成为的那个人"，而不是"应该成为的那个人"，也不是"想要成为的那个人"。

荣格说过："幻想光明是没有用的，唯一的出路是认识阴影。"只有直面自身的阴影，承认和接受完整的自己，才能够获得心灵上的

自由，消除所有的压力，滋生无限的力量，以轻松的姿态去迎接所有
挑战。所以，你只消成为"最好的自己"便可以了，那个最好的你，
就是最完美的你。

Chapter8
找到回归平静的活法

不求时光倒回，带着遗憾往前走

有时候，我们常常会给自己做一些假想——

如果时光能倒回，我一定多读点书，多学一门语言，多掌握一点技能，让自己更优秀。

如果时光能倒回，我一定会珍惜那个在身边的人，为他多付出一点，不计较太多，不因为一点委屈就大发雷霆，如此的话，就不会弄得今日天各一方。

如果时光能倒回，我一定会多关心父母，不把时间都花费在忙碌中，宁愿推掉几个应酬，少一点朋友的吃喝聚会，多回家陪他们说说话，不给自己留下"子欲养而亲不待"的遗憾。

如果时光能倒回，我一定会懂得"人生得一知己足矣"的珍贵，不让意气和冲动占据了理性的空间，为一点儿原本可以解开的误会而大动干戈，伤害了朋友，斩断了情谊。

如果时光能倒回，我一定……

如果时光真的能倒回，人生也未必会圆满，我们的心里也未必没有任何遗憾。

有一部名为《蝴蝶效应》的电影，它踩中了人心中最柔软的那个角落，踩中了所有人都想回到过去，改变历史，让一切变好的愿望。

男主人公埃文患有间歇性失忆症，无法记得自己经常做出的一些奇异的举动，比如无缘无故地拿起刀吓坏母亲，而自己却不记得。从小到大，埃文经受重大刺激的几次经历，都被他忘记了。看心理医生的时候，医生建议埃文用写日记的方式进行记忆治疗。

长大后的埃文，突然发现一个秘密，他在看日志的同时，可以回到过去，阻止那些不美好的事情发生，让生活重新来过。可是，即便拥有这样的机会，一切还是不如他想象得那样美好。他想要阻止一起爆炸事件，却不知道接下来会让自己失去胳膊；他想要抢救小狗的生命，却不知道接下来会让好友死于非命……一个可以选择的人生，也会有蝴蝶效应的存在，牵一发而动全身，改变一件事，会让整个人生都跟着改变轨道。

这部电影无疑在提醒我们：当我们回到过去进行了改变时，生活还会出现另外一些不如意和后悔的事，那么我们自然就又会控制不住想回到过去再改变一次人生，一旦在未来又遇到后悔、不如意的人生就又想回去，如此反反覆覆、永不休止，总是在后悔、不如意之间来回转变，永远无法获得一个踏实、满足的人生。

季羡林先生曾经说过一段话："每个人都在争取一个完满的人

生。然而，自古及今，海内海外，一个百分之百完满的人生是没有的。所以我说，不完满才是人生。"

这是季老在历经了漫长的人生旅途后悟出的质朴真理。只可惜，芸芸众生中却还有太多人执迷于"完满人生"，对人对事吹毛求疵，日日焦虑，错过了唾手可得的幸福。

很多人都看过金庸的武侠小说，《神雕侠侣》中的杨过与小龙女是一对令人羡煞的情侣，可他们完满吗？杨过是独臂，小龙女失贞，可他们却坚守着一份至死不渝的爱，成全了世人对完满的想象。

人生在世，总会不断失去一些东西，有些是重要的，有些是微不足道的，但失去本身是无法挽回的，能够承认这一点，并勇敢地接受它，才算得上真正懂得生活。

别让羡慕嫉妒成为焦虑的帮凶

她是一名女性心灵导师，谈吐举止间都透露着优雅和从容，她给人的感觉，永远是那么与世无争、安然自若。在一次活动中，她问在场的观众一个奇怪的问题："如果你身边的女友长得漂亮、身材姣好、事业有成、婚姻幸福，你有什么感觉？"

多数女人回答说："我当然替她高兴了，有这样的朋友，自己也有面子……"

她笑了笑，没有评议什么，而是讲了一段自己的经历。

"临近毕业的时候，我们宿舍的一个女生找了一个经济条件很好的男朋友。那段日子，她简直把宿舍当成了时装秀的舞台，每天换着不同的名牌服装、鞋子、包包，问我们漂不漂亮。大家不好意思驳她的面子，自然都说不错。校庆晚会的前夕，她的男友送了她一件非常华贵的晚礼服。晚会前的那个中午，我一个人在宿舍，看着她挂在床头的晚礼服，心里一阵窝火，最后竟然拿起指甲油在她的衣服上面玩起了涂鸦。我以为宿舍的姐妹们看到后会骂我疯了，指责我，可当那个女孩拿着衣服哭着跑出去时，她们你看看我，我看看你，竟然都大笑了出来。"

台下的人听后，谁都没有笑，她们难以想象一个如此温文尔雅的女人，竟然也会有嫉妒之心，还做过如此荒唐的事。与此同时，再回想刚刚回答的那个问题，她们突然明白，其实每个人都会有嫉妒之心，那是一种难以公开的阴暗心理，是谁都不愿意承认的一种心理，它的特点是以与自己地位相似、水平相近、年龄相仿的同辈人为指向的带有敌意的心理倾斜现象，是不能认可他人比自己强，只能陶醉于他人不如自己或以他人的失利为满足的情感体验当中。

女导师之所以讲自己的故事，就是为了说明，**我们不必觉得承认嫉妒心的存在是一件难以启齿的事，因为它是人类的一种心理本能，和喜怒哀乐一样。**重要的是，我们能不能正视它，能不能对这种消极的心理进行积极的转化，让它不影响自己的情绪与行为。

有些女人难以控制嫉妒的心理，常常因为别人的生活让自己感到不安，给自己的心造成混乱和迷茫。比如，看到朋友比自己赚的钱多，比自己生活条件优越，比自己的工作轻松，就开始抱怨自己的生活，埋怨自己最亲近的人没能为自己创造更好的条件，把所有的焦点都放在与他人的比较上，甚至有些人还会想办法让嫉妒的那个人"难受"一下，以获得心理上的平衡和安慰。

然而，不管怎么做，这种安慰和满足都是暂时的。纵然你此刻和对方扯平了，看起来毫无差别了，但是日后你肯定还会遇到比你更有才能、比你更漂亮、比你更富有的人，一直嫉妒和羡慕别人，你的日子永远不能悠然平静，你的心也永远不能从容不迫。

萨依特曾经是埃及的一位政府高官，他34岁就当上了副市长，非常有前途。可惜，就在他的事业如日中天的时候，他主管的城市却发生了一场火灾，因为这场意外他被免职，那年他37岁。

离官退位后，萨依特周围的那些富翁、高官、大财团的董事长等显赫人士，都为他感到惋惜，他们觉得萨依特肯定很痛苦，一定会前来寻求帮助。谁知，萨依特却回到了乡下，过起了平民百姓的日子。他在自家的小菜园里种菜，施肥，过得平淡而又惬意。闲来无事的时候，他就走村串巷，收集一些民间陶器，这是他的爱好。生活的起落，没给他造成多大的困扰，他我行我素地过着自己的生活，从不理会别人的富贵，更不去嫉妒别人拥有的财富地位。

因为萨依特博学多能，他很快就在收藏上有了很大的造诣。七八年之后，他已经收集了几十件世界顶级的民间珍宝，找他来买卖的人不计其数，萨依特每卖出一件，价格都是上千万美元。

有人好奇地问萨依特："你在收藏上如何取得这么大的成就？"他说："因为我过得简单，我不会盲目羡慕别人，清净的生活让我可以一心一意地鉴别陶器。"

不嫉妒，不羡慕，不抱怨，这样的心境让萨依特摆脱了烦恼，并把收藏做到了罕见的顶端，成为世界级的收藏大师。或许，要我们一下子达到萨依特的境界还有点难，但我们可以学习如何在生活中转化和溶解嫉妒心，让它得到控制，不阻碍我们前行。

波普曾经说过："对心胸卑鄙的人来说，他是嫉妒的奴隶；对有学问有气质的人来说，嫉妒却化成了竞争的动力。"**不嫉妒的最好办法就是假定别人能够做的事，你也一样可以做到，甚至可以做得更好。一旦你去嫉妒了，就是承认自己不如别人，自然会妨碍你自身的进步。**那些真正埋头于自己事业的人，是没时间去嫉妒别人的。羡慕他人的光环，不如努力超越自己，让别人的优秀变成你的榜样，给你一股前所未有的动力。

嫉妒这种心理，有时完全是一种偏激的思维。你嫉妒别人，那是因为看到了他身上最闪光的那一点，但是别忘了，不管一个人看上去多么耀眼，他的生活里都有糟糕的不为人知的一面。你嫉妒他的才能，可他却羡慕你的家庭美满；你嫉妒他的富有，可他却羡慕你健康的生命；你嫉妒他的地位，可他却羡慕你可以随心所欲地生活……**没有十全十美的人生，你大可不必心理失衡，知道每个人都有各自的幸与不幸，也就不会去羡慕嫉妒谁了。**

生命最美的样子是丰富的安静

哲学课上，教授问一学生："说说你的人生追求吧！"

学生落落大方地谈了自己的想法，提及健康、财富、名利、价值等，说得头头是道，不少同学也都默许点头。

教授听后，笑着说道："你忘了一件最重要的东西，心灵的宁静。如果没有它，你所有的追求都会给你带来意想不到的痛苦。"

人生在世，时时处处都存在着诱惑；万世繁华的背后，悬着一颗颗散乱而空虚的心。遭遇得失荣辱的人生落差，有几人可以岿然不动、淡然一笑？在名利声色面前，又有几人可以不为所动、灵魂不受丝毫纷扰？固然有所追求，却也会被世俗杂念困扰，牵绊手脚，就像释迦牟尼说的那样："人的思想一动，弹指之间就有960次转动，只是一天一夜的时间，我们的思想就转了13亿转。没有一颗清净心，我们就会浪费很多精神，其实也是在浪费生命。"

某女子监狱一位正在服刑的女子，用笔写下了她的经历，希望以此给人以警醒。

她出生在一座小城，家里的条件不太好，从她记事时起，就知道周围的人都看不起他们一家人，即便是亲戚，也嫌弃他们。世人的冷眼，无疑给她幼小的心灵留下了阴影，母亲总在她耳边念叨："你要好好念书，将来有出息，赚了钱，他们就不会小看你了。"这样的话听得多了，她也就把金钱当成了自我价值的标尺；赚足够多的钱，让别人看得起，也就顺理成章地被设立为她人生的终极目标。

她的成绩很好，高考时顺利地考入了大学，学了会计专业。毕业后，她留在了大城市打拼，没有任何背景和依靠的她，一切都要从零开始。最初的那段日子，真的很难熬，吃最便宜的饭菜，拿着可怜的一点工资，在公司看别人的脸色，偶尔还要被主管训斥……可一想到自己和家人被人轻视的情景，她就忍了。她安慰自己说：不会一直这样的，总有一天，我会出人头地。

在职场摸爬滚打十年后，她已不再是那个青涩而不谙世事的女孩。她进入一家中等规模的公司做财务，处事圆滑的她，工作能力也很突出，很快得到老板的赏识，后被晋升为财务经理。老板对她照顾有加，不仅连涨工资，还给她提供了精装一居室的"宿舍"。她当然知道，老板这么做是有意图的——让她帮忙做假账，隐瞒部分货物的销售收入。

起初，她还在犹豫，可一想到春节回家，周围人看自己和家人的眼光都变了时，那份隐匿已久的虚荣，又让她蠢蠢欲动。最终，她被老板"收买"，给公司做假账。

做假账期间，她所赚到的外快是工资的几倍之多，利用这些钱，她买房买车，购奢侈品，惹得不少人艳羡。她觉得，美妙的人生才刚刚开始，正准备好好享受，却没料到一切就已经结束。要小聪明，走捷径，踩着法律和道德的底线走，最终落水湿身，悔恨一生。

酿成这样的悲剧，有其父母教育引导的问题，但更为重要的是，她在金钱物欲面前迷失了自己，扭曲了价值观，失掉了内心的宁静。倘若不慕繁华、不贪安逸，又怎会一步步走进不可回头的深渊？

周国平曾经写过一篇文章，名字就叫《世界愈喧闹，我内心愈安静》。

他说："也许，每一个人在生命中的某个阶段都是需要某种热闹的。那时候，饱涨的生命力需要向外奔突，去为自己寻找一条河道，确定一个流向。但是，一个人不能永远停留在这个阶段……现在我觉得，人生最好的境界是丰富的安静。泰戈尔曾说：'外在世界的运动无穷无尽，证明了其中没有我们可以达到的目标，目标只能在别处，即在精神内在世界里。在那里，我们最为深切地渴望的乃在成就之上的安宁。在那里，我们遇见我们的上帝。'"

人生是一场修行，修的就是一颗心。不管外面的世界多么喧嚣、多么浮躁，都要坚守自己心灵的安静。没有一颗安静的心，生活处处都是慌张的死角；习惯了处处与人比，时时想做佼佼者，折磨的始终是自己。争强好胜，逐名追利，不是真正有价值的生活；跑在众人之前，也未必就是最大的赢家。人生最好的境界，当是丰富的安静和内心的从容。

嗔言碎语，任它吹来，任它吹去

女作家王安忆曾经写过这样一段话——

"流言在弄堂这种地方，从一扇后门传进另一扇后门，转眼间便全世界皆知了。它们就好像一种无声的电波，在城市的上空交叉穿行；它们还好像是无形的浮云，笼罩着城市，渐渐酿成一场是非的雨。这雨也不是什么倾盆的雨，而是那黄梅天里的雨，虽然不暴烈，却连空气都是湿透的。"

1935年3月8日，一代影后阮玲玉在难以承受的流言蜚语中，结束了自己年仅25岁的生命，含恨留下"人言可畏"的遗言，以此印证了"舌根底下压死人"的俗语。2008年10月2日，韩国演员崔真实自杀身亡，有消息称其自杀是受到网上恶意谣言的煎熬。

多少人为之扼腕叹息，多少人为之感叹不值。当流言蜚语冲破了她们的心理防线时，她们都忘了：有人的地方就有流言，每个人在世上，都免不了要承受外界的流言蜚语。无论是真的、假的，好听的、难听的，你都无法阻止它的出现。

你富有，有人因嫉妒生恨，刻意诋毁你；你清贫，有人轻视鄙夷，看不起你；你精明，有人说你善于算计；你无争，有人说你软弱好欺；你漂亮，有人说你徒有外表；你平凡，有人说你毫不起眼。不管你怎么做，你活成什么样，也难以赢尽所有人的心。

刚刚应聘到一家外贸公司工作的伊莎，因为业务不熟练，工作上经常出错，上司没少批评她。原本性格就内向的伊莎，心理上承受着巨大的压力，却又不善表达，只是一个人郁郁寡欢，很少跟同事说笑。为此，同事们觉得她太孤僻，不好相处。

一次，她去咖啡间时听到了同事对她的言语"攻击"："她整天耷拉个脸，给谁看呢？瞅着就来气。""是呀，什么都不会，跟你说句话，也是问这问那的，烦死了。""这种人不会有男朋友吧？说句话憋憋屈屈的，谁要她？"听到这样的声音，伊莎的眼泪立刻就滚了下来。

自那以后，伊莎比以前更沉默了，有不知道的事情也不敢问同事，怕被人看不起，怕惹人厌烦。问领导吧，更担心被训斥。时间长了，她对自己没了信心，对工作也没了兴致，每天煎熬着度日，让她难以忍受，只好辞职。

躲开了同事的闲言碎语，避开了上司的严厉苛责，让伊莎暂时得到了喘息的机会。可接下来的路要怎么走呢？她想过，重新再找一份工作，只是一想到之前在公司里那种惶恐不安的状态，她就打心眼里害怕。

美国心理学家帕翠丝·埃文斯说："人们评价我们，实际上是在假装知道我们的内心世界，是在对我们的精神边界进行攻击。如果接受这些攻击，我们会暂时迷失自我，屈服于别人的控制。"

面对流言蜚语，大可不必寝食难安，焦虑不已。你若太当真、太较真，就会输掉自己的生活，输掉平和安宁的心绪。听到闲言碎语时，不妨想想：你能禁止别人的流言吗？你能四处跟别人解释清楚吗？若不能，那就任它吹来，任它吹去吧！没有什么流言能真正中伤你，关键看你自己如何对待，最容易被流言击垮的，往往都是不自信和敏感型的人。

回击流言最好的方式，就是还他一副平静的姿态。你越是平静，越是不当回事，那些传流言的人便越觉得无趣。对你没有杀伤力，流言也便失去了流传的意义。当然，关系到自身名誉的问题，也不要一味地保持沉默，若有实际证据证明自己的清白，拿出来给要好的朋友看，争取他们的信任和支持，再通过他们之口把事实摆给更多的人看。由旁人帮你去澄清，往往会起到事半功倍的效果。

在有限的人生里，做自己喜欢的事

日本最年轻的临终关怀主治医师大津秀一，在多年行医的经验基础上，在亲自听闻过1000例病患者的临终遗憾后，写下《临终前会后悔的25件事》。这些事情中，大都涉及"没有做自己"的遗憾，比如：没做自己想做的事；被感情左右度过一生；没有去想去的地方旅行；没有表明自己的真实意愿，等等。

如果你承认人生是属于自己的，你发自内心地爱自己，那么你不该给自己留下这样的遗憾。人一定要做自己喜欢、自己想做的事，才会觉得生活有意义。或许，在此过程中会遭到周围的人或环境的阻碍，但绝不能因此就放弃自己的意愿。要知道，有些事情一旦拖延，很可能就是一辈子，而我们都只有一辈子可活。

活了30岁，陆晨从来都没觉得，这人生是自己的。她总是暗暗嘲笑自己，是父母的翻版，是家里的木偶人。

父母都是外科医生，也许是职业的原因，使得他们向来都很严肃谨慎，对陆晨的教育更是严厉。小时候，陆晨很羡慕院子里一个会跳舞的小姑娘，每次大家一起玩的时候，那个小女孩都能给大家跳一段漂亮的舞蹈。她穿着白色的公主裙，被众多伙伴围绕着，真的很像一个受宠的公主。偶尔，小女孩会教陆晨跳一段，那种翩翩起舞的感觉，让陆晨很是开心，她觉得自己就像一只小蝴蝶，自由自在。然而，当她向父母提出想去学舞蹈的时候，却遭到了强烈的反对，思想保守的他们说："学舞蹈有什么用？考试又不考！已经给你报了英语班，还是多学一门语言更实用。"舞蹈，陆晨的第一个梦想，就这样被无情地抹杀了。

之后，陆晨一直在做父母身边的乖乖女。高中报考文理班时，喜欢历史的陆晨想去文科班，父母又是坚决反对，说文科生报考专业时受限制太多。陆晨去了理科班，虽然成绩也不错，只是面对枯燥的物理公式和化学方程式，她心里总是一阵一阵地抵触和厌烦。

高考填报志愿时，陆晨想去师范学院读中文，父母却强烈要求她报考医科大学。她本不想顺从，但架不住父母苦口婆心地劝阻，最后还是选择了上医科大。只不过，带着沉重的心理压力，外加情绪不佳，她只考上了一个护理学院的专科。

读大学时，同学给她介绍了一个男友，两人很是谈得来。只不过，对方不是本市的，没有房子，这段爱情又遭到了父母的反对。她抵抗不过父母的百般阻挠，忍痛和男友分开了，她不希望自己的婚姻得不到亲人的祝福。最后，她与父亲的一个学生结婚了。

　　在外人眼里，她和她的家庭，多么幸福和谐。一家人都在医院工作，收入稳定，有车有房，衣食无忧，在这个注重物质的时代，这样的生活是多少人求之不得的。可是，她内心的苦楚又有谁知道？过去的这些年里，几乎每一次重要的决定，都是别人替她拿主意。那些曾在她脑海里憧憬过的画面，都成了无法触摸的梦。周围的人总说她不爱笑，就连她自己也忘了，从什么时候开始自己变得不爱笑了。

　　也许，她不是不爱笑，是根本笑不出来，当一个人不能做想做的事、爱想爱的人、过想过的生活时，她还有什么快乐可言呢？*作家略萨曾经说过：*"*我敢肯定的是，作家从内心深处感到写作是他经历过的最美好的事情，因为对作家来说，写作是最好的生活方式。*"因为喜欢，所以快乐，沉醉其中乐此不疲，金钱和名誉，都是可有可无的附加值。若是束缚太多，无法做自己想做的事，久而久之一定会身心疲惫、无所适从。

　　人生就是一场单程的旅途，没有回头的路。生活太累，太多纠结，就是因为给了自己太多束缚，不敢打破一切潜在的规则。试着把自己的感觉叫醒，敞开心胸，放下种种担心和顾虑，勇敢地活出自己。快乐与幸福的秘密之一，就是在有限的生命里，选择做你喜欢的事。满足了自己在乎的事，才会觉得幸福，否则就算守着城堡、财富，都会觉得空虚和乏味。

简单一点，丢掉对生活的过度构思

她在这所学校做校长，已经有十年之久了。学校是封闭式管理，老师和校长是孩子们学业上的导师，也是生活中的"父母"。偶尔上体育课或是休息日，教师们就会带孩子们一起出来玩，让他们恢复孩童的天性。

学校的地位位置很好，靠近海边，站在教学楼的窗口，可以遥望到大海，这着实也给学校带来一股踏实的氛围。天热了，学校组织孩子们到海边去玩儿，教师们个个胆战心惊，不敢让孩子们下水，担心会出事。身为校长的她却不怕，她自己站在水深处，规定孩子们以她为界，只准在水浅的地方玩耍。

憋闷了一周的孩子，虽然每日都能够听到海浪声，能透过窗口看到大海，但置身于其中玩耍，还是让他们兴奋不已。原本有一些胆小的孩子，看着同伴们玩得那么开心，竟也乐疯了，一改往日的怯懦，主动下了水。等到大家都玩得尽兴了，才陆陆续续上岸。这时候，映入眼帘的一幕，让身为校长的她，目瞪口呆，惊愕不已。

那些一二年级的小女孩上岸之后，觉得衣服湿了不舒服，竟然当众把衣服脱了，拧起水来。光天化日之下，她们竟然形成了一小圈儿"天体营"。这可如何得了？旁边有同龄的男孩，也有即将小学毕业步入青春期的孩子，她起了一身鸡皮疙瘩，做校长有二十年了，她还从未见过这样的"场面"。

当时，她脑子里冒出的第一个念头就是上前去阻止，可凭借一个教育家的直觉，她没有这么做。她静静地等了几秒钟，而这一等，就免去了太多麻烦。这几秒钟里，她环顾四周，发现并没有人大惊小怪，高年级的孩子没有注意到这道别样的"风景"，低年级的小男孩还不懂事，不知道她们的女同学不够淑女。就这样，小女孩儿们的"疯狂"举动除了震惊了她以外，并未惊扰任何人。而且，她们很快拧干了衣服，重新穿上，海滩上依旧是一片天真快乐的笑闹声。

事后，她很庆幸自己当时没有一声大吼。她能够想象得到，如果真的那么做了，美妙的海滩之旅将会是一场永远的尴尬。那些小女孩儿会永远记得自己当众丢了丑，被老师和校长训斥，被学生们嘲笑，也许这会成为她们一辈子都挥之不去的阴影。

现在多好，船过水无痕，什么麻烦都没有留下。孩子本是无心，我们这些成人又何必如此有意呢？许多事情，如果没有神经质的歇斯底里，还有"不得了""太严重"的腔调，或许都不会成为问题。

余秋雨曾说："**因为我们的历史太长，权谋太深，兵法太多，黑**

箱太大，内幕太厚，口舌太贪，眼光太杂，预计太险，所以，我们习惯对一切事物'构思过度'。"

英国著名的教育家罗素曾经给他的学生们出过一道题：1+1=？题目写在黑板上时，济济一堂满腹经纶的高才生们，竟然面面相觑，没有一人作答。罗素见状，便轻轻巧巧地在等号后面写上了2。学生们恍悟：面对如此简单而真实的问题，实在不该犹豫和顾忌。

遇事多思虑，无可厚非，但如果习惯性地把问题复杂化，就会让自己活得很累，平白无故地给心灵添堵。事实上，很多时候，简单往往意味着高效，意味着平和，意味着睿智。这个世界远没有人们想象得那般复杂，它简单得很，复杂的只是人心罢了。其实，人心也不复杂，只要肯丢掉对生活无限的"构思"。

潜意识里，我们总是认为：想得越多越深刻，写得越多越有才，做得越多越有收获。结果呢？往往把简单的问题复杂化了。不用想得太复杂，是怎么回事就是怎么回事，该怎么办就怎么办，尊重事物的发展规律，你会感觉生活轻松不少。

不要逼迫自己做不喜欢的事，少谈点妄想，少谈点后悔。昨天的都只是回忆，明天的还无法预料。真的要告别，就别太纠结，人与人总会有分开的时刻。生活不需要太多的繁杂，跟随自己的心过日子就好。